图解

植物矿质营养元素和肥料

◎ 郭小芳 编著

中国农业科学技术出版社

图书在版编目（CIP）数据

图解植物矿质营养元素和肥料 / 郭小芳编著. --北京：
中国农业科学技术出版社，2022.6（2024.4重印）
ISBN 978-7-5116-5753-4

Ⅰ.①图… Ⅱ.①郭… Ⅲ.①植物矿质营养－图解
②植物营养－肥料－图解 Ⅳ.①Q945.12-64②S14-64

中国版本图书馆CIP数据核字（2022）第 072858 号

责任编辑	申 艳
责任校对	李向荣
责任印制	姜义伟 王思文

出 版 者	中国农业科学技术出版社
	北京市中关村南大街 12 号 邮编：100081
电 话	（010）82106636（编辑室） （010）82109702（发行部）
	（010）82109709（读者服务部）
网 址	http://www.castp.cn
经 销 者	各地新华书店
印 刷 者	北京捷迅佳彩印刷有限公司
开 本	185 mm×260 mm 1/16
印 张	12.25
字 数	260 千字
版 次	2022 年 6 月第 1 版 2024 年 4 月第 9 次印刷
定 价	88.00 元

前　言

农家有句谚语："庄稼一枝花，全靠肥当家"，可见化肥的使用是农业获得高产的重要手段，但过量施用化肥的现象却非常普遍，究其原因，一是施肥习惯，为片面追求作物产量，盲目大量施用化肥；二是知识缺乏，不了解肥料性质与原理，不能科学合理施肥，造成施肥效果不佳，甚至导致面源污染。近年来，种植户对过量施肥危害的认识逐步提高，也亟须通过了解相关知识提高施肥技术水平，科学合理施用肥料，实现农业高产高效。

本书分两部分共 17 章。第一部分植物营养，重点阐述了植物矿质营养大家族成员的营养功能，植物对矿质养分的吸收、运输、同化。第二部分肥料，侧重于介绍肥料产品以及肥料养分施入土壤后的转化与循环。全书浓缩了植物生理学、植物生物学、土壤肥料学等多方面的知识，不仅介绍了植物营养学的基本知识、理论以及经典的研究成果，更以示意图、思维导图、表格等既直观又便于理解的形式将这些抽象理论展示出来，随理赋形，增强读者阅读体验，满足不同读者的学习需求。

本书的出版，希望能够有助于广大种植户、从事推广应用的技术人员以及大中专院校相关学科学生的学习，或是给相关从业人员带来启发或帮助。尽管作者在编写过程中尽了最大努力，但在内容、图表和文字方面难免有欠妥之处，敬请广大读者及各位同行指正。

天脊集团　郭小芳

2022 年 2 月

目　录

第一部分　植物营养

第二部分　肥　料

第一部分

植物营养

第 1 章

植物营养大家族

1.1 植物体内的元素

2000 多年前，人们就已经认识到，在农业生产中向土壤中加入矿质元素（例如，植物灰分或石灰）可以促进植物生长。进入现代，用足够敏感的分析手段可以发现，在植物体内已经有 70 多种元素。

植物组织的化学分析结果通常用干重表示。将植物鲜样在一定条件下烘干至恒重，剩下的干物质为鲜重的 10%~20%。其中干重的 90% 以上由碳（C）、氢（H）、氧（O）3 种元素组成（图 1-1）。这 3 种元素又都以大约相同的比例存在（1 份碳、2 份氢、1 份氧）。而其他元素只占鲜重的 1%~2%。

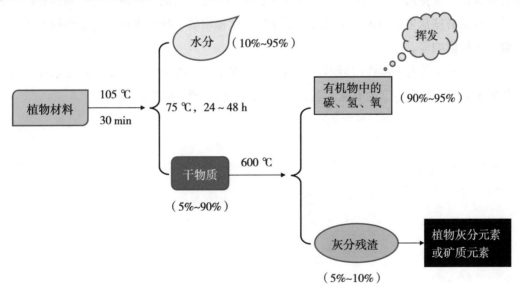

图 1-1 植物的组成

1.2 植物必需营养元素

植物必需营养元素是指植物正常生长发育必不可少的营养元素。判断某种元素是否属于必需元素，不能根据生长在土壤中的植物体中的矿质成分来确定，也不能以植物体内某种元素的有无以及含量的高低作为该元素是否必需的标准。

某种元素是否属于必需元素必须满足以下 3 个标准。

（1）不可缺少性　在缺少该元素的情况下，植物生长受到抑制，以致不能完成其生命周期。

（2）不可替代性　该元素的功能不能被其他元素所替代，即缺少该元素所造成的营养缺乏症状只能通过加入该元素的方法才能恢复。

（3）直接功能性　该元素必须直接参与植物的新陈代谢，对植物生长发育起直接作用。例如，作为植物成分（如某种酶）的组成部分，或者它必须被用于一个独特的代谢步骤（如某一酶促反应）。

根据这一严格的定义，现已确定的植物必需营养元素有 17 种。其中矿质元素共 14 种，它们是氮、磷、钾、钙、镁、硫、铁、锰、铜、锌、硼、钼、氯、镍。植物从大气和水中摄取的碳、氢、氧为非矿质元素。

1.3　对植物生长有益的元素

在具体考虑哪些元素为植物生长的必需元素时，仍难以进行简单的概括。例如，低等植物中真菌不需要钙、硼元素；钴对高等绿色植物不是必需的，但对固氮植物如豆科植物例外；钠是有些盐生植物正常生长发育必须要大量摄取的；硅对水稻等禾本科植物的生长发育有积极影响等。

因此，对生长有刺激作用但不是必需的或只对某些植物种类或在某些特定条件下是必需的矿质元素，通常定义为有益元素，如钴、硅、钠、硒、矾等。

第2章

植物必需矿质营养

2.1 必需营养元素发现的时间

  植物必需营养元素的研究进展与分析化学的发展，特别是化学药品纯化及测定方法的发展有着密切的关系。表2-1中列出了目前公认的高等植物必需营养元素及其被发现的时间和发现者。未来随着分析技术的不断改进与发展，那些在极低浓度下才能被植物所必需的矿质营养有可能被发现或证实，进而补充到植物必需营养大家族中来。

表 2-1 高等植物中必需营养元素发现的时间

元素	发现年份	发现者
氢、氧	早在化学元素发现以前，人们就知道氢、氧是植物必需的营养元素	
碳	1800	Senebire 和 Saussure
氮	1804	Saussure
磷、钾、镁、硫、钙	1839	Sprengel 等
铁	1860	J. Sachs
锰	1922	J. S. McHargue
硼	1923	K. Warington
锌	1926	A. L. Sommer 和 C. B. Lipman
铜	1931	C. B. Lipman 和 G. MacKinney
钼	1938	D. I. Arnon 和 P. R. Stout
氯	1954	T. C. Broyer 等
镍	1987	P. H. Brown 等

数据来源：陆景陵（2003）。

2.2　植物必需营养元素的相对含量

通常，必需矿质元素根据其在植物组织中的相对质量分数可被分为大量元素和微量元素（表2-2）。受植物种类、植物年龄和环境中其他矿质元素供给量的影响，这些元素在植物体内的含量可能有很大的差异。

表 2-2　必需元素在植物体内的质量分数

元素	化学符号	原子量	质量分数（干重）
从土壤中获得的微量元素			
镍	Ni	58.69	0.05 mg/kg
钼	Mo	95.94	0.1 mg/kg
铜	Cu	63.55	6 mg/kg
锌	Zn	65.41	20 mg/kg
锰	Mn	54.94	50 mg/kg
硼	B	10.81	20 mg/kg
铁	Fe	55.85	100 mg/kg
氯	Cl	35.45	100 mg/kg
从土壤中获得的大量元素			
硫	S	32.06	0.1%
磷	P	30.97	0.2%
镁	Mg	24.31	0.2%
钙	Ca	40.08	0.5%
钾	K	39.10	1.0%
氮	N	14.01	1.5%
从水或二氧化碳中获得的元素			
氧	O	16.00	45%
碳	C	12.01	45%
氢	H	1.01	6%

植物体内矿质元素的变化范围很大（表2-3），与植物基因型、土壤类型、养分供应

情况、生长发育阶段和其他因素有关。许多元素在植物中的含量通常高于植物的最低需求量。

表 2-3　植物体内必需矿质营养元素的质量分数范围

元素	化学符号	植物利用形式	质量分数范围（干重）
氮	N	NO_3^-、NH_4^+	0.5%～6%
磷	P	$H_2PO_4^-$、HPO_4^{2-}	0.15%～0.5%
钾	K	K^+	0.8%～8%
钙	Ca	Ca^{2+}	0.1%～6%
硫	S	SO_4^{2-}	0.15%～1.5%
镁	Mg	Mg^{2+}	0.05%～1%
氯	Cl	Cl^-	10～80 000 mg/kg
铁	Fe	Fe^{2+}、Fe^{3+}	20～600 mg/kg
锰	Mn	Mn^{2+}	10～600 mg/kg
锌	Zn	Zn^{2+}	10～250 mg/kg
硼	B	H_3BO_3	0.2～800 mg/kg
铜	Cu	Cu^{2+}、Cu^+	2～50 mg/kg
钼	Mo	MoO_4^{2-}	0.1～10 mg/kg
镍	Ni	Ni^{2+}	0.05～5 mg/kg

当植物组织中某种元素的含量低于维持正常生长所需的最低水平时，意味着植物缺乏该种元素。有时一种元素的含量过高也会减少植物对另一种元素的吸收速率，导致植物表现出对后者的缺乏症状，这种诱导的缺素称为元素间的拮抗作用。

2.3　植物矿质营养元素间的相互作用

植物营养元素间的相互作用，也被称为交互作用。交互作用可存在于大量元素之间，可表现在阳离子与阳离子、阳离子与阴离子、阴离子与阴离子之间，可发生在 2 种离子之间，也可出现在 3 种离子之间（图 2-1）。

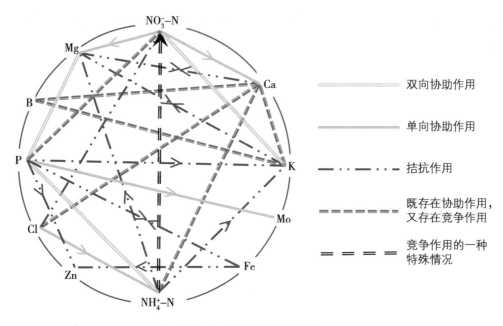

图 2-1　离子间的相互作用

植物营养元素之间的相互关系，按其作用性质一般分为协助作用和拮抗作用两大类。

2.3.1　离子间的协助作用

协助作用是指一种养分离子的存在，能促进另一种或多种养分的吸收，即两种或多种养分离子的结合效应，超过其各自的效应。离子间的协助作用主要表现在阴、阳离子间。

（1）氮和磷之间存在着协助作用　磷与氮在植物吸收、利用方面有相互影响。磷参与氮代谢、硝酸盐还原、氨的同化以及蛋白质合成。氮、磷配合可促进植物生长良好，吸收更多的氮和磷。

在中性或酸性土壤上，铵态氮（NH_4^+-N）供应使根际土壤酸化来增加难溶性磷的吸收。与此相反，在酸性土壤上供应硝态氮（NO_3^--N）能促使根际 pH 值上升，以 HCO_3^- 交换被吸附的 $H_2PO_4^-$，促进植物对磷的吸收。

（2）NO_3^-、SO_4^{2-}、$H_2PO_4^-$ 能促进阳离子的吸收　这些阴离子被吸收后，通过代谢变成有机形态而消失，从而形成大量的有机化合物，比如有机酸，这些有机酸带大量的负电荷，能促进阳离子的吸收。

（3）Ca^{2+} 能促进多种离子的吸收　在协助作用中，Ca^{2+} 的存在能促进多种离子的吸收，Ca^{2+} 不仅能促进阳离子的吸收，也能促进阴离子的吸收。在低 pH 值下，Ca^{2+} 不仅可

以促进 K^+ 的净吸收，也能促进 Cl^- 的净吸收。

在协助作用中，阴离子促进阳离子吸收或阳离子促进阴离子吸收都是常见现象，但当外界浓度较高时，一种吸收速率较慢的离子会抑制另一种带相反电荷并移动较快离子的吸收，如 SO_4^{2-} 抑制 K^+ 的吸收，Ca^{2+} 抑制 Cl^- 的吸收。

2.3.2　离子间的拮抗作用

拮抗作用是指一种养分离子阻抗或抑制另一种养分离子吸收的生理现象。拮抗作用一般表现在对有相同电荷或近似化学性质的离子的选择性吸收上（图 2-2）。

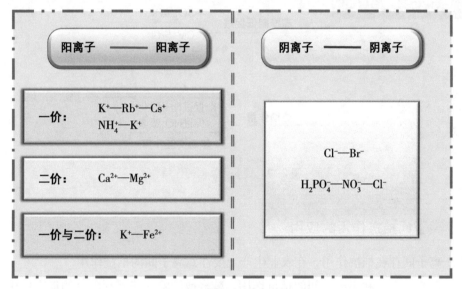

图 2-2　离子间的拮抗作用

一个典型阴离子之间的拮抗作用发生在 Cl^- 和 NO_3^- 之间。在植物体特别是在根中，随着 NO_3^- 含量的增加，Cl^- 的含量会显著下降。这种竞争作用可以用来减少某些作物（如菠菜）中 NO_3^- 的含量。另外也可以防止敏感作物氯中毒。

Mg^{2+} 是二价阳离子，植物在吸收其他阳离子如 K^+、NH_4^+、Ca^{2+}、Mn^{2+} 以及 H^+ 时均能显著降低 Mg^{2+} 的吸收速率。因此，由竞争性阳离子引起的缺镁现象普遍存在。

值得指出的是，离子间作用的一种特殊情况：NH_4-N 影响 NO_3^--N 的吸收，NO_3^--N 一般对 NH_4^+-N 的吸收影响很小或没有影响，而绝大多数植物在同时供应 NH_4^+-N 和 NO_3^--N 时生长得较好。

离子间的拮抗作用是相对的，它是相对于一定的养分浓度而言的。例如，Ca^{2+} 与 K^+ 在低浓度时是协助作用，而在高浓度时则表现出拮抗作用（图 2-3）。

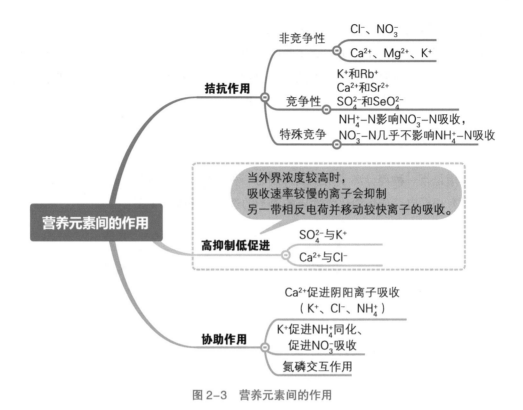

图 2-3 营养元素间的作用

2.3.3 离子间拮抗作用的应用

由于离子间存在拮抗作用，在农业生产上要注意离子间的拮抗作用。

（1）解毒作用 利用离子间的拮抗作用，减轻或消除一些不利养分的毒害作用，比如 Ca^{2+} 能降低 Al^{3+}、Mn^{2+}、H^+、Na^+、Fe^{2+} 的毒害作用；NO_3^--N 可以防止敏感作物氯中毒。

（2）施肥或混合肥料时，要注意离子间的拮抗作用 主要包括 NH_4^+ 对 K^+ 的抑制、Ca^{2+} 对 Na^+ 的抑制等。

NH_4^+ 抑制 K^+：NH_4^+-N 肥施用过多，很容易引起作物缺钾症状的产生，尤其是在有效钾含量低的砂质土壤中，施用 NH_4^+-N 过多时必须要考虑钾肥的施用，否则会加重钾的缺乏。

Ca^{2+} 抑制 Na^+：在盐碱地上施用石膏，不仅可以改良土壤，而且 Ca^{2+} 的存在会抑制作物对 Na^+ 的吸收。

另外，在烟草上施用钾肥过多，会引起缺镁症状，这也很可能是由于 K^+ 抑制了 Mg^{2+} 吸收。

当然，离子间的作用大多都是相对的而不是绝对的，是对一定条件和一定的离子浓度而言的。对某些离子来说，在一定浓度范围内，可能是协作，而超过一定浓度协作反而成为拮抗。从植物营养和环境保护的角度来说，协助作用和拮抗作用的实际结果可能是有益的，也可能是有害的。

　　了解营养元素间的相互作用，并在科学选择、配置复混肥料，合理施用等方面加以应用，对维持农田养分平衡、提高肥料利用率、提高作物产量、改进作物品质和增强作物抗逆性皆有重要的意义。

2.4　植物矿质营养元素的分类

　　从生理学角度来讲，根据在植物组织中的含量把营养元素分为大量元素和微量元素并不能体现营养元素的生理功能。所以，Mengel 和 Kirkby（1982）把植物必需营养元素分成了 4 组，并在 2001 年进行了新的 4 组分类。在综合了众家之长的基础上，Epstein 和 Bloom（2005）提出了根据生物化学作用和生理功能进行分类的分类表（表 2-4）。

表 2-4　矿质元素根据生物化学作用和生理功能进行的分类

矿质元素	功能
具有特殊功能	
含碳化合物组成	
N	氨基酸、酰胺、蛋白质、核酸、核苷酸、多胺和其他代谢物的组成成分
S	胱氨酸、半胱氨酸、甲硫氨酸、蛋白质、硫辛酸、辅酶 A、硫胺素焦磷酸、谷胱甘肽、生物素、3- 磷酸腺苷等其他生化代谢物的组成成分
对能量贮存和利用很重要	
P	磷酸糖类、核酸、核苷酸、辅酶、磷脂、磷酸腺苷（AMP、ADP、ATP）、植酸或其钙、镁盐的组成成分，在涉及 ATP 的反应中有重要作用
与细胞壁结构有关	
Ca*	结合在细胞壁多聚糖上
B	与 Ca 类似，B 结合在细胞壁的果胶多聚糖上，与甘露醇、甘露聚糖、多聚甘露糖醛酸以及其他细胞壁的组成成分形成复合物，保证细胞壁的稳定性
Si	在细胞壁上常形成固态蛋白石，即水合硅化物（$SiO_2 \cdot nH_2O$），影响细胞壁的机械性能，包括刚性和韧性
酶或其他必需代谢物的组成成分	
Mg*	叶绿素分子的组成成分
Fe*	非血红素蛋白、氧化还原蛋白和铁 - 硫蛋白的组成成分
Mn	光合系统 II 中水分解酶复合体及超氧化物歧化酶的组成

（续表）

矿质元素	功能
Zn	一些金属酶的金属部分
Cu	像 Zn 一样，是一些金属酶的金属部分，有时与其他金属元素结合
Ni	只是一种酶即脲酶的组成成分
Mo	固氮酶、硝酸还原酶的组成成分
活化或控制酶的活性	
K	活化多种酶
Na	活化 C_4 和 CAM 植物中将丙酮酸转化成磷酸烯醇丙酮酸的酶，代替 K 活化一些酶
Cl	活化光合系统 II 中的酶，将水分解并释放氧
Mg*	比其他元素活化的酶类更多，特别是活化磷酸转移的酶类
Ca*	结合在钙调蛋白上，后者负责传递信号和调节许多酶的活性
Mn	活化很多酶的活性，包括柠檬酸循环中的一些酶类
Ca*、Fe、Zn、Cu	活化一些酶，但专一性不强
不具有特殊功能	
作为具有相反电荷的反向运输离子	
K^+、Na^+、NO_3^-、Cl^-、SO_4^{2-}、Ca^{2+}、Mg^{2+}	作为具有相反电荷的反向运输离子，或带电荷的有机配体的反相离子
作为主要的细胞渗透质	
K^+、Na^+、NO_3^-、Cl^-	作为胞内溶质，起到渗透质的作用

注：*表示具有多种作用。

2.5 植物矿质营养元素的营养功能

2.5.1 氮——生命元素

氮是生命物质的基础元素。氮是植物体内许多重要有机化合物的组成成分，例如，蛋白质、核酸、叶绿素、生物碱和激素等都含有氮素。蛋白质是构成原生质的基础物质，蛋白质中平均含氮 16%~18%，核酸平均含氮 15%~16%。核酸和核蛋白在植物生长和遗传变异过程中有特殊作用。氮是叶绿素的组成成分（包括叶绿素 a 和叶绿素 b）。作物缺氮时，体内叶绿素含量下降，叶片黄化，光合作用强度减弱，光合产物锐减，从而使作物产量和品质明显降低。图 2-4 总结了氮元素的营养功能及氮不足和氮过剩作物表现出的症状。

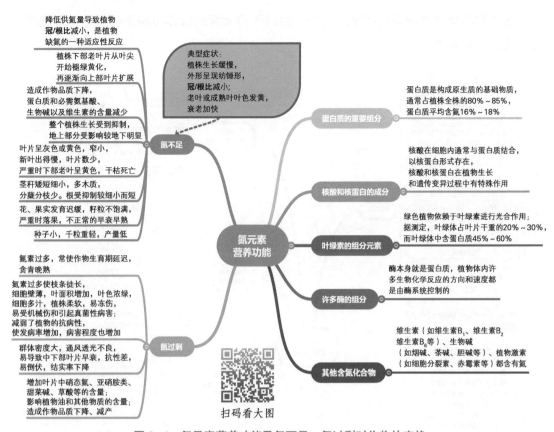

扫码看大图

图 2-4　氮元素营养功能及氮不足、氮过剩时作物的症状

氮素对植物生长发育有多方面的影响，主要体现在两方面。

一是改变器官的数量大小，比如叶片的扩展，枝条、茎秆伸长，分蘖数、穗数、穗粒数量的增加或减少。

二是改变营养生长与生殖生长器官的比例，氮素对营养生长的促进作用要比对生殖生长的促进作用强，比如玉米"秃尖"形成，多数情况下是早期用氮素过高，虽然小穗小花分化很多，但败育率很高，造成玉米"秃尖"现象。

2.5.2　磷——生命元素

磷在植物体内参与光合作用、呼吸作用、能量贮存和传递、细胞分裂、细胞增大和其他一些过程。磷能促进早期根系的形成和生长。磷能提高许多水果、蔬菜和粮食作物的品质，对种子形成至关重要。磷参与将植物遗传特性从一代传到下一代。

磷在糖类代谢中起着重要的作用。改善作物的磷素营养，有利于蔗糖、淀粉等的形成和积累，使禾谷类作物籽粒饱满；增加纤维类作物纤维长度和拉力；增加甘薯和马铃薯中淀粉含量；提高甜菜、甘蔗和果树的果实糖分。此外，磷还能减少棉花、油菜、果树等落花、落荚和落果现象而提高产量。图 2-5 总结了磷元素的营养功能及磷不足、磷过剩时作物表现出的症状。

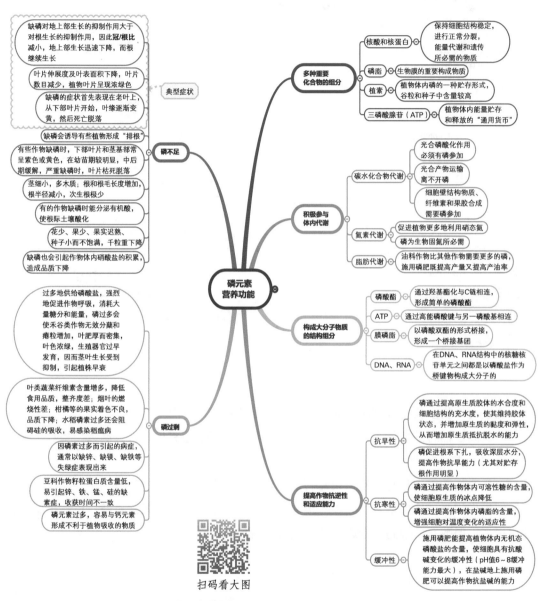

图 2-5　磷元素营养功能及磷不足、磷过剩时作物的症状

扫码看大图

磷能提高作物的抗旱、抗害、抗病和抗倒伏能力。由于磷可以提高细胞结构的充水度和胶体束缚水的能力，减少细胞水分的损失，并增加原生质的黏性和弹性，从而增加原生质对局部脱水的抵抗力。同时，磷能促进根系发育，使根群发达，增加吸收面积，加强对土壤水分的利用，从而减轻干旱的危害。

磷能提高作物对外界环境的适应性。由于磷能维持和调节作物体内新陈代谢过程，使之适应新的环境条件，在低温下仍能保持较高的合成水平，相应地增加体内可溶性糖类、磷脂等的含量，提高作物的抗逆性。因此，对越冬作物和早稻秧苗增施磷肥，可减少作物受害的发生。越冬蔬菜增施磷肥，可减轻冻害，安全越冬。磷素营养充足可使植株生长健壮，减少病菌侵染，增强抗病能力。另外，磷有促熟作用，这对收获和作物品质是重要的。

2.5.3　钾——品质元素、抗逆元素

钾作为关键的营养物质为植物的生长发育所必需。稳定的细胞质钾浓度可有效保持生物酶的活性，并通过对酶的活化作用影响氮的代谢，促进蛋白质的合成；钾能促进叶绿素的合成，改善叶绿体的结构；钾作为主要的渗透物质参与调控植物细胞的体积变化和运动，包括气孔的开闭运动和植物的向性反应；钾作为硝酸根的主要陪伴离子，参与植物体内氮的运输，促进有机酸（苹果酸）代谢等（图 2-6）。

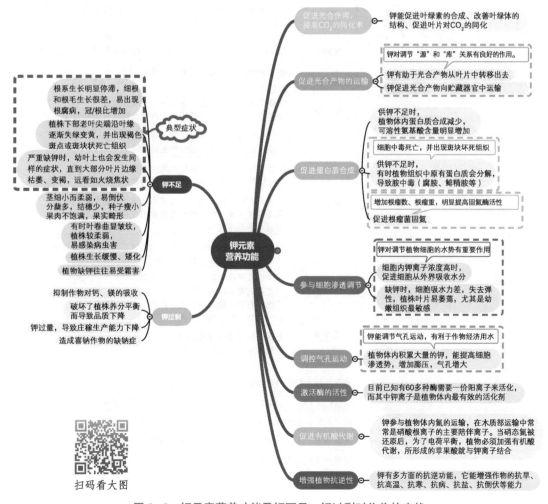

扫码看大图

图 2-6　钾元素营养功能及钾不足、钾过剩时作物的症状

钾通常被称为"品质元素"（图2-7）。钾与脂肪代谢有关，油料作物施用钾肥产量与品质都能提高，淀粉类作物、纤维类作物需要较多的钾等。钾能提高果实含糖量、还原型维生素 C 含量和改善糖酸比。钾不仅可提高产品的营养成分，如汁液含糖量和酸度，使产品风味更浓，而且可以改善产品外观，使蔬菜商品价值更高，还能延长产品的贮存期，降低运输过程中的损耗。

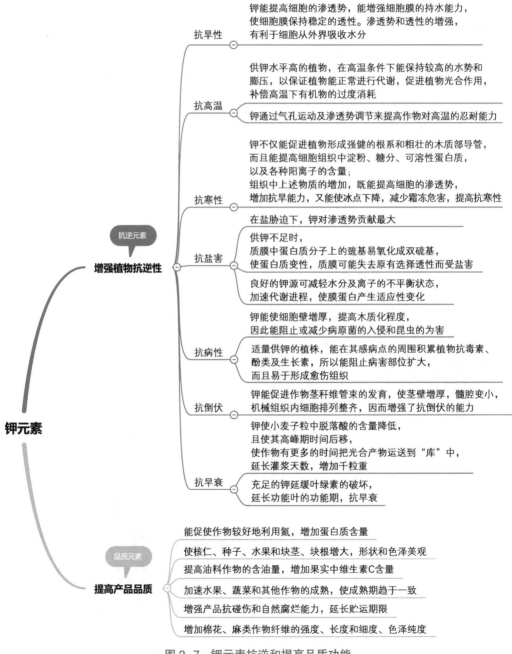

钾元素

增强植物抗逆性 （抗逆元素）

抗旱性　钾能提高细胞的渗透势，能增强细胞膜的持水能力，使细胞膜保持稳定的透性。渗透势和透性的增强，有利于细胞从外界吸收水分

抗高温　供钾水平高的植物，在高温条件下能保持较高的水势和膨压，以保证植物能正常进行代谢，促进植物光合作用，补偿高温下有机物的过度消耗

钾通过气孔运动及渗透势调节来提高作物对高温的忍耐能力

抗寒性　钾不仅能促进植物形成强健的根系和粗壮的木质部导管，而且能提高细胞组织中淀粉、糖分、可溶性蛋白质，以及各种阳离子的含量；组织中上述物质的增加，既能提高细胞的渗透势，增加抗旱能力，又能使冰点下降，减少霜冻危害，提高抗寒性

抗盐害　在盐胁迫下，钾对渗透势贡献最大

供钾不足时，质膜中蛋白质分子上的巯基易氧化成双硫基，使蛋白质变性，质膜可能失去原有选择透性而受盐害

良好的钾源可减轻水分及离子的不平衡状态，加速代谢进程，使膜蛋白产生适应性变化

抗病性　钾能使细胞壁增厚，提高木质化程度，因此能阻止或减少病原菌的入侵和昆虫的为害

适量供钾的植株，能在其感病点的周围积累植物抗毒素、酚类及生长素，所以能阻止病害部位扩大，而且易于形成愈伤组织

抗倒伏　钾能促进作物茎秆维管束的发育，使茎壁增厚，髓腔变小，机械组织内细胞排列整齐，因而增强了抗倒伏的能力

抗早衰　钾使小麦子粒中脱落酸的含量降低，且使其高峰期时间后移，使作物有更多的时间把光合产物运送到"库"中，延长灌浆天数，增加千粒重

充足的钾延缓叶绿素的破坏，延长功能叶的功能期，抗早衰

提高产品品质 （品质元素）

能促使作物较好地利用氮，增加蛋白质含量

使核仁、种子、水果和块茎、块根增大，形状和色泽美观

提高油料作物的含油量，增加果实中维生素C含量

加速水果、蔬菜和其他作物的成熟，使成熟期趋于一致

增强产品抗碰伤和自然腐烂能力，延长贮运期限

增加棉花、麻类作物纤维的强度、长度和细度、色泽纯度

图2-7　钾元素抗逆和提高品质功能

钾促使光合产物向贮藏器官中运输，特别是对于没有光合作用功能的器官，它们的生长和养分的贮存，主要靠地上部所同化的产物向根或果实中的运送。例如，马铃薯、萝卜、胡萝卜等以块茎、块根为产品的蔬菜，在缺钾条件下虽然地上部生长得很茂盛，但往往不能获得满意的产量。所以，在蔬果膨大期，钾需求量大。

钾在作物体内含量较高，许多作物体内总钾的含量不但超过磷，甚至超过氮。钾就像一台运输机，可促进光合产物运转、调节气孔开关促使植物经济用水。更有趣的是，钾在植物体内不形成稳定化合物，一般以离子形态存在，不参与任何代谢物的组成。当有机体死亡后，钾会快速地回流到土壤溶液中，为其他生物体所利用。

钾不仅能提高蔬菜作物的抗旱、抗寒、抗病、抗盐、抗倒伏能力，而且还可以提高抵御外界恶劣环境的忍耐力。因此，钾有"抗逆元素"之称（图 2-7）。

然而，植物对钾的吸收具有奢侈吸收的特性，过量钾的供应，虽不易直接表现出中毒症状，但可能影响离子间的平衡，抑制作物对钙、镁的吸收，也造成化肥的浪费。

2.5.4　钙——信使元素、青春元素

钙作为生物膜的稳定剂，在维护细胞壁、细胞膜的结构、功能，减少或延缓膜的损伤上具有重要作用；同时，钙作为耦联胞外信号与胞内生理反应的"第二信使"，参与植物对外界的反应与适应，调节植物细胞对逆境胁迫信号的转导过程。并通过信号传递，指挥个体对外界刺激做出反应；在没有外源钙供应时，植物在几小时内根系伸长就会停止。图 2-8 总结了钙元素的营养功能，以及钙不足作物表现出的典型症状。

作物缺钙，原因包括土壤缺钙和生理性缺钙。南方酸性土壤和砂质土壤（花生、芦笋）易发生缺钙；北方石灰性土壤本身虽不缺钙，但由于作物对钙吸收、运输、分配障碍（比如铵态氮抑制其吸收）易使果树和蔬菜发生生理性缺钙，因为钙在植物体内的重新分配是随着木质部蒸腾水流而运输的，果树果实和果菜类果实（含包心叶菜类）的蒸腾强度和对钙的竞争小于叶片，有时会发生果实中的钙倒流入叶片的现象，由此导致"缺钙"引发生理性病害，例如大白菜"干烧心"、番茄脐腐病。这类缺钙通常与植物体内钙的运输有关。

目前已发现果树中多种生理病害与植株钙缺乏有关，比如苹果"苦痘病""水心病"。梨缺钙极易早衰，果皮容易出现枯斑，果心发黄，甚至果肉坏死。

钙是植物抵抗病原物侵染、减少病害发生的一种重要营养元素，缺钙增加细胞膜的通透性，增加叶和茎组织的质外体中氨基酸含量，糖的含量也会提高，这些情况都有利于病原物的侵染和繁殖。多数的真菌性病害是通过释放可溶于细胞间层的果胶酶而侵染质外体的，而这种果胶酶的活性强烈地受钙的抑制，因此，植物的钙营养对其抵抗真菌性病害有十分重要的意义。

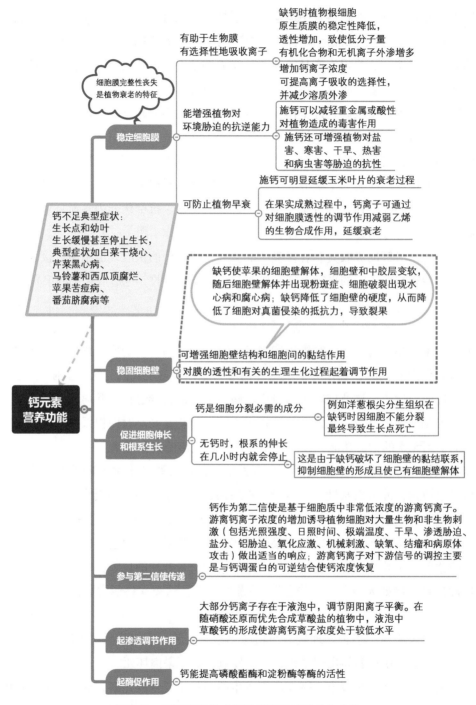

图 2-8 钙元素营养功能及钙不足时的作物症状

钙可以提高植物尤其是其幼苗的抗冷性，并可以使叶片、果实等器官抵抗高温造成的伤害；同时，适量的钙供给量，可以有效限制植物对钠的吸收，抑制钠在细胞内的积累，减轻植物盐胁迫的伤害。

除此之外，钙是植物细胞衰老和果实后熟作用的延缓保护剂，能抑制水果的呼吸速率，降低乙烯和一些酶类等衰老指标，增加果实硬度，延缓植株和果实衰老，延长货架期。

2.5.5 镁——色彩元素

镁是叶绿素的组成成分，缺镁时不仅植物叶片合成叶绿素受阻，而且会导致叶绿素结构严重破坏。对于高等植物来说，没有镁就意味着没有叶绿素，也就不能进行光合作用。

镁稳定细胞的 pH 值，在细胞质代谢过程中，镁是中和有机酸、磷酸酯的磷酰基团以及核酸的酸性时所必需的。为了适合大多数酶促反应，要求细胞质和叶绿体中 pH 值稳定在 7.5~8，镁和钾一样具有稳定 pH 值的作用。

镁是酶的活化剂或构成元素，在许多酶促反应中，镁是糖代谢过程中许多酶的活化剂，能促进磷酸盐在体内的运转，参与脂肪的代谢和促进维生素 A 和维生素 C 的合成。图 2-9 总结了镁元素的重要营养功能和镁不足时作物表现出的症状。

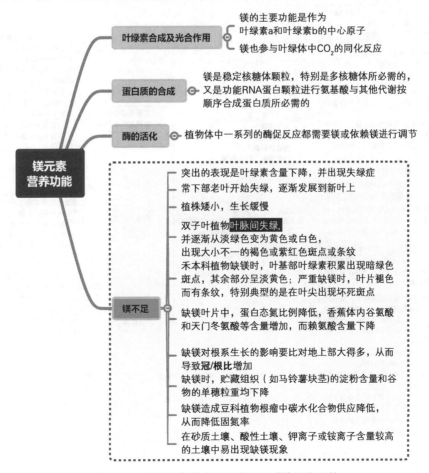

图 2-9　镁元素营养功能及镁不足时的作物症状

2.5.6 硫——风味元素

植物体内有 3 种含硫的氨基酸（蛋氨酸、胱氨酸、半胱氨酸），没有硫就没有含硫的氨基酸，作为生命基础物质的蛋白质也就不能合成。缺硫时，小麦、玉米、豆科作物及其他谷类作物籽粒中富硫蛋白质含量下降（图 2-10）。

硫参与风味物质的合成，硫是许多挥发性化合物的结构成分，这些成分使洋葱、大蒜、大葱和芥菜等蔬菜具有特殊的气味。

硫是植物次生代谢不可缺少的一种元素，充足的硫营养是植物开启次生代谢途径的必要条件之一，充足的硫营养供应，利于在植物体内形成丰富的乙烯前体，以便在环境胁迫时产生乙烯，做好开启次生代谢途径的准备。

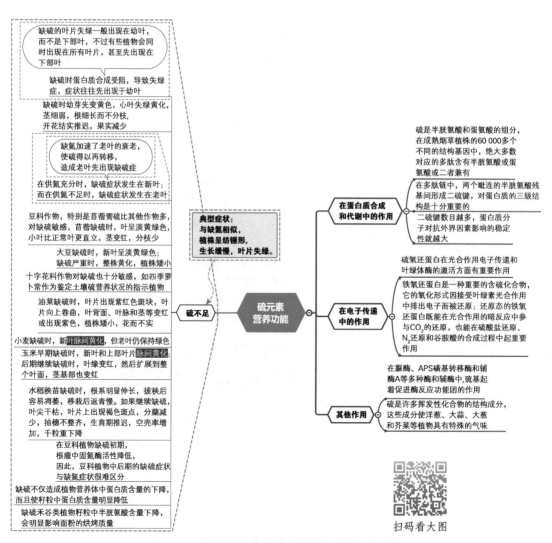

图 2-10 硫元素营养功能及硫不足时的作物症状

硫参与体内氧化还原反应，谷胱甘肽是植物体内一种极其重要的生物氧化剂，它是由谷氨酸、含硫氨基酸和甘氨酸组成的，在作物呼吸作用中起重要作用。

硫影响叶绿素的形成，缺硫往往使叶片中叶绿素含量降低，叶色淡绿，严重时变为白色。

2.5.7　硼——生育元素

硼，可以促进生殖器官的建成和发育，硼在细胞壁合成和原生质膜完整性上的特殊作用也体现在花粉管的伸长上。

人们很早就发现，作物的生殖器官尤其是蔬菜作物花的柱头和子房中硼的含量很高。试验证明，所有缺硼的高等蔬菜，其生殖器官均发育不良，影响受精。硼促进花粉萌发和花粉管伸长，缺硼影响种子的形成和成熟。如甘蓝、油菜"花而不实"，花生"果而不仁""瘪粒空壳"，棉花"蕾而不花"。图 2-11 总结了硼元素的营养功能及硼不足、硼中毒时作物表现出的症状。

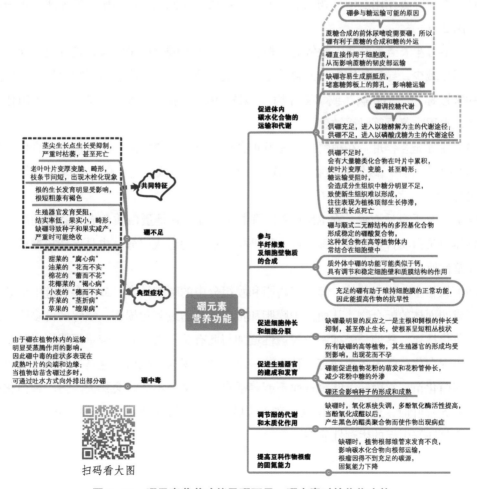

扫码看大图

图 2-11　硼元素营养功能及硼不足、硼中毒时的作物症状

硼对由多酚氧化酶活化的氧化系统有一定的调节作用。缺硼时氧化系统失调，多酚氧化酶活性提高。当酚氧化成醌以后，产生黑色的醌类聚合物而使蔬菜作物出现病症，如甜菜的"腐心病"和萝卜的"褐腐病"等都是醌类聚合物积累所致。

硼具有改善碳水化合物运输的功能，能为根瘤菌提供更多的能源和碳水化合物。缺硼时根部维管束发育不良，影响碳水化合物向根部运输，最终导致根瘤菌固氮能力下降。

硼不仅是细胞伸长所必需，同时也是细胞分裂所必需。缺硼最明显的反应之一是主根和侧根的伸长受抑制，甚至停止生长，使根系呈短粗丛枝状。硼还能促进核酸和蛋白质的合成、生长素的运转以及蔬菜抗旱能力的提高。

2.5.8 锌的主要营养功能

（1）是某些酶的组分或活化剂　锌是乙醇脱氢酶、铜锌超氧化物歧化酶、碳酸酐酶和RNA聚合酶等酶的组成成分，也是磷酸甘油醛脱氢酶、乙醇脱氢酶和乳酸脱氢酶等酶的活化剂，参与呼吸作用及多种物质的代谢。缺锌还会降低蔬菜体内硝酸还原酶和蛋白酶的活性（图2-12）。

（2）参与生长素的合成　缺锌时，植物体内吲哚乙酸合成量锐减，尤其是在芽和茎中的含量明显减少，导致植物生长发育受阻，典型表现是叶片变小、节间缩短等，通常这种生理病害被称为"小叶病"或"簇叶病"。果树中的苹果、柑橘、桃和柠檬，大田作物中的玉米、水稻、菜豆等对锌敏感。

（3）促进光合作用　在植物中首先发现含锌的酶是碳酸酐酶。它可催化光合作用过程中CO_2的水合作用。缺锌时植物光合作用的强度大大降低，这不仅与叶绿素含量减少有关，也与CO_2的水合反应受阻有关。

（4）参与蛋白质合成　在RNA聚合酶中含有锌，它是蛋白质合成所必需的酶。缺锌时植物体内蛋白质含量降低。锌不仅是核糖核蛋白体的组成成分，也是保持核糖核蛋白体结构完整性所必需的。

（5）维持生物膜完整性　锌可与磷脂和膜组分中的巯基结合，或与多肽链中半胱氨酸残体形成四面体的配合物，从而保护膜脂和蛋白质免遭过氧化损伤，缺锌的许多明显症状如叶片黄化坏死、茎伸长受抑制及膜透性增加与此有关。缺锌时，豌豆不能形成种子，玉米容易出现白化苗，玉米苗期有一种小苗一出土就表现为白化苗，这是一种遗传现象，叫致死基因白化苗，它因缺乏叶绿素而不能养活自己，生长不久就会死去。另一种白化苗是小苗长到5片叶时，逐渐失去绿色，在主叶脉两侧呈现黄白色，在叶尖及叶缘仍是绿色，这种小苗是缺锌引起的生理性病害。

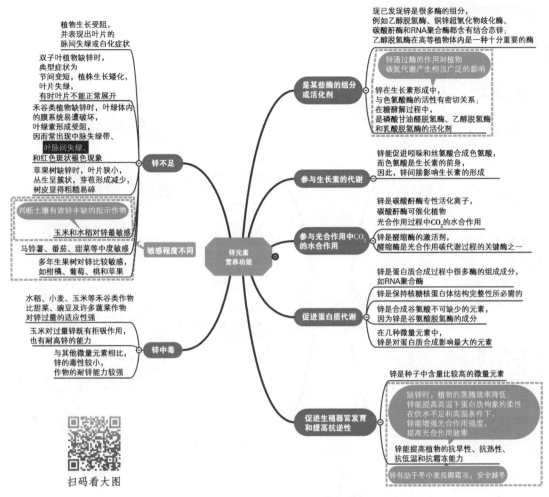

图 2-12　锌元素营养功能及锌不足、锌中毒时的作物症状

2.5.9　铁的主要营养功能

（1）影响叶绿素合成　尽管铁不是叶绿素的组成成分，但合成叶绿素时需要铁。作物缺铁时常出现失绿症，症状首先表现在幼叶上（图 2-13）。

（2）参与植物体内的氧化还原反应　无机铁盐的氧化还原能力并不强，但是当铁与某些有机物结合形成铁血红素或进一步合成铁血红蛋白时，它们的氧化还原能力就会有极大的提高。

（3）促进细胞的呼吸作用　铁是某些与呼吸作用有关的酶的成分，例如，细胞色素氧化酶、过氧化氢酶、过氧化物酶等都含有铁。此外，铁是磷酸蔗糖合成酶最好的活化剂。缺铁会导致体内蔗糖形成的减少。

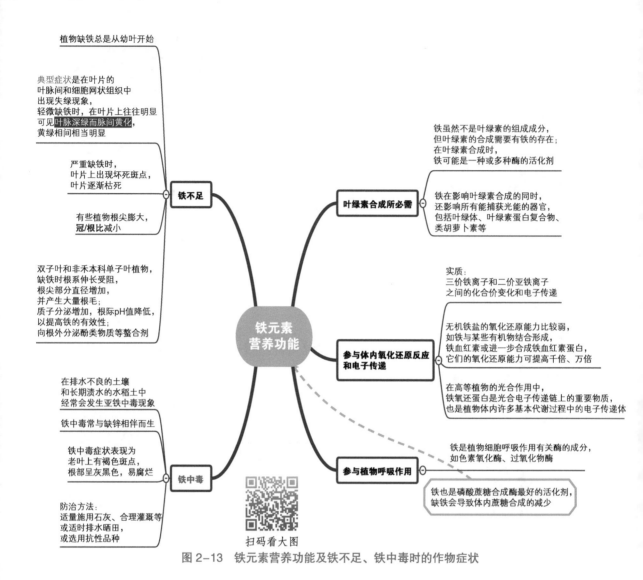

图 2-13 铁元素营养功能及铁不足、铁中毒时的作物症状

2.5.10 锰的主要营养功能

（1）直接参与光合作用 在光合作用中，锰参与水的光解和电子传递作用。缺锰时叶绿体仅能产生少量的氧，因而光合磷酸化作用受阻，糖和纤维素也随之减少。叶绿体含锰量较高，它能稳定维持叶绿体的结构。缺锰时膜结构遭破坏而导致叶绿体解体，叶绿素含量下降（图 2-14）。

（2）是许多酶的活化剂 锰直接参与光合作用，促进氮素代谢，调节植物体内氧化还原状况等。锰能提高植株的呼吸强度，增加 CO_2 的同化量，还能促进碳水化合物的水解，提高吲哚乙酸氧化酶的活性，锰缺乏时硝酸还原酶活性下降。

（3）促进种子萌发和幼苗生长 锰能促进种子萌发和幼苗早期生长。锰不仅对胚芽鞘的伸长有刺激作用，而且能加速种子内淀粉和蛋白质的水解，从而保证幼苗及时获得养分。

植物缺锰时，
通常表现为叶片失绿
并出现杂色斑点，
而叶脉仍保持绿色

不同植物的缺锰症状
可能表现不同，
双子叶植物最明显的症状是
新叶脉间失绿，或有坏死斑点，
禾谷类作物的主要症状是
基部叶片出现灰绿色斑点
（"灰斑病"）

果树缺锰时，一般也是
叶脉间失绿黄化
（如柑橘）

燕麦对缺锰最敏感，
常出现燕麦"灰斑病"，
因此常用它作为
缺锰的指示作物

豌豆缺锰会出现
豌豆"杂斑病"，
并在成熟时，
种子出现坏死，
子叶表面出现凹陷

缺锰影响植物化学组成

缺锰植株中硝酸盐累积；
向日葵缺锰体内氨基酸积累

易受冻害

锰中毒，
诱发双子叶植物
棉花和菜豆
发生缺钙（皱叶病）

锰不足

锰中毒

锰元素
营养功能

直接参与
光合作用

调节酶活性

促进种子萌发
和幼苗生长

在光合作用中，
锰参与水的光解和电子传递

锰是维持叶绿体结构
所必需的微量元素。
在叶绿体中，
锰与蛋白质结合形成酶蛋白，
是光合作用中不可缺少的参与者

这些作用往往是通过
锰对酶活性的影响来实现的

锰能提高植物的呼吸作用，
促进碳水化合物的水解

锰参与硝态氮还原过程

锰促进氨基酸合成为肽，
有利于蛋白质合成；
锰也能促进肽水解生成氨基酸

锰具有保护光合系统免遭
活性氧毒害以及稳定叶绿
素的功能

锰对胚芽鞘伸长有刺激作用

锰能加快种子内淀粉和
蛋白质的水解过程，促
使单糖和氨基酸及时
供幼苗利用

锰充足能提高结实率，
对幼龄果树提早结果
有良好的作用

锰对维生素C的形成以及
加强茎的机械组织等有良
好的作用

锰对根系生长也有影响，
缺锰时，植物侧根几乎完
全停止生长

扫码看大图

图2-14 锰元素营养功能及锰不足、锰中毒时的作物症状

2.5.11 铜的主要营养功能

（1）参与体内氧化还原反应 铜是许多氧化酶的成分，参与植物体内的氧化还原反应，并对作物的呼吸作用有明显影响。铜还是某些酶的活化剂，它能提高硝酸还原酶的活性，参与催化脂肪酸的去饱和作用和羧化作用。铜在这些氧化反应中起传递电子的作用。

（2）构成铜蛋白并参与光合作用 铜在叶绿体中含量较高。铜缺乏时，很少见到叶绿体结构遭破坏，但淀粉含量明显减少，这说明光合作用受到抑制。铜与色素可形成络合物，对叶绿素和其他色素有稳定作用，特别是在不良环境中能明显增加色素的稳定性。

（3）是超氧化物歧化酶（SOD）的组成成分　含铜和锌的 SOD 具有催化超氧自由基歧化的作用，以保护叶绿体免遭超氧自由基的伤害。

（4）参与氮素代谢和生物固氮作用　在复杂的蛋白质形成过程中，铜对氨基酸活化及蛋白质合成有促进作用。铜对共生固氮作用也有影响，它可能是共生固氮过程中某种酶的成分。

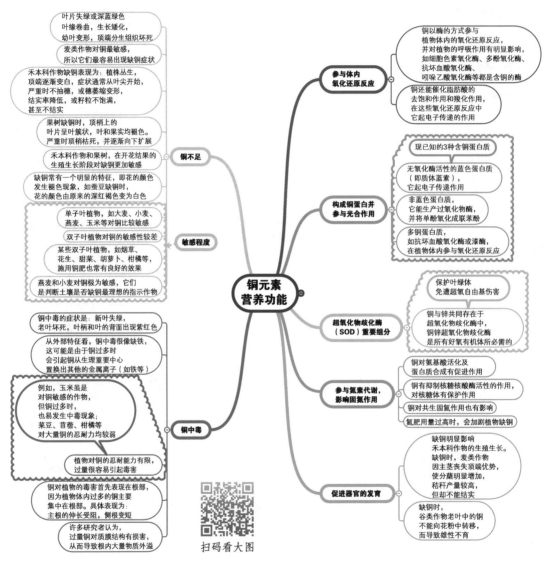

扫码看大图

图 2-15　铜元素营养功能及铜不足、铜中毒时的作物症状

2.5.12　钼的主要营养功能

（1）参与氮素代谢　钼的营养作用突出表现在氮素代谢方面（图 2-16）。它是酶的金属组分，并会发生化合价的变化。在植物体中，钼是硝酸还原酶和固氮酶的成分，它们是氮素代谢过程中所不可缺少的酶。钼还可能参与氨基酸的合成与代谢。

（2）影响光合作用强度和维生素 C 的合成　缺钼时叶绿素含量减少，光合作用强度也会降低，还原糖的含量下降。钼是维持叶绿素正常结构所必需的，施钼能提高维生素 C 的含量。

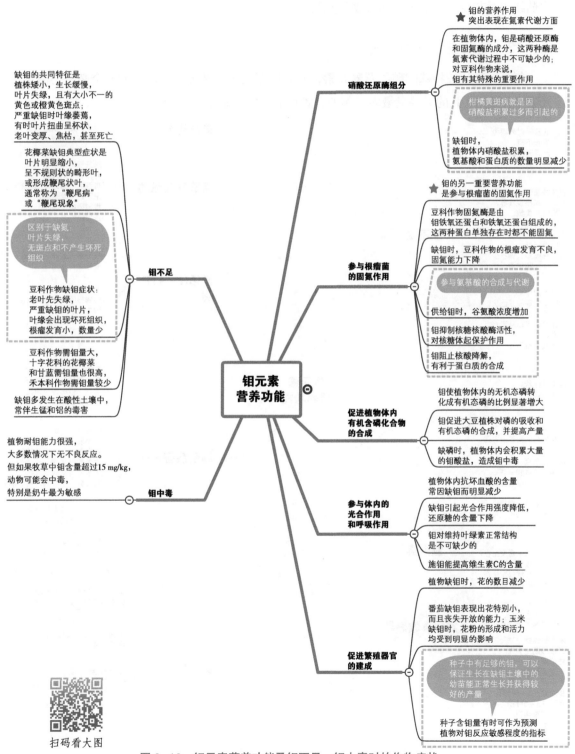

图 2-16　钼元素营养功能及钼不足、钼中毒时的作物症状

扫码看大图

（3）参与生殖器官的建成　钼除了在豆科蔬菜根瘤和叶片脉间组织积累外，也积累在生殖器官中。它在受精和胚胎发育中有特殊作用。许多蔬菜作物缺钼时，花的数目减少。番茄缺钼时花变得特别小，而且丧失开放的能力。

2.5.13　氯的主要营养功能

氯是一种比较特殊的矿质营养元素，它普遍存在于自然界。在已知的 8 个必需的微量元素中作物对 Cl^- 的需要量最多。例如，番茄的需氯量是钼的几千倍。

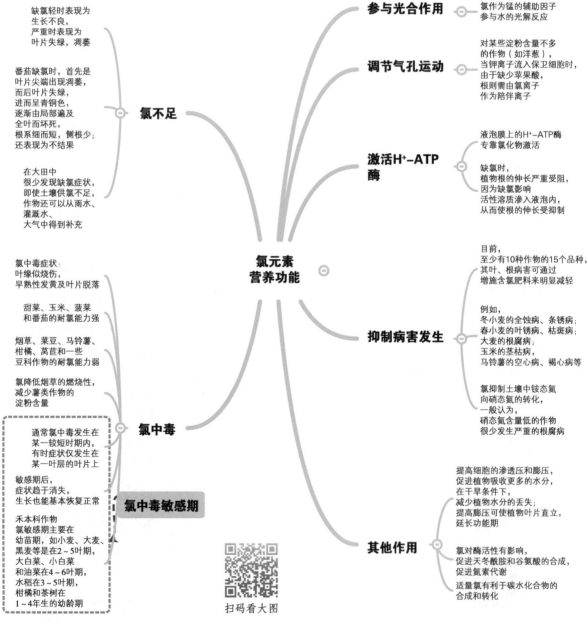

图 2-17　氯元素营养功能及氯不足、氯中毒时的作物症状

（1）参与光合作用　在光合作用中，氯作为锰的辅助者参与水的光解反应。缺氯时，细胞的增殖速度降低，叶面积减少，生长量明显下降（大约 60%）。

（2）调节气孔运动　氯对叶片气孔的开张和关闭有调节作用。由于氯在维持细胞膨压和调节气孔运动方面有明显作用，从而能增强作物的抗旱能力。缺氯时，洋葱的气孔不能开关自如，进而导致水分过多的损失。

（3）抑制病害发生　施用含氯肥料对抑制病害的发生有明显作用。据报道，目前至少有 10 种作物的 15 个品种，其叶、根的病害可通过增施含氯肥料使其严重程度明显减轻，例如马铃薯的"褐心病"等（图 2-17）。

2.5.14　镍的主要营养功能

（1）是许多酶的辅因子　在许多酶中，镍与氧或氮（如脲酶）及硫（如脱氢酶）以共价键的形式存在，使这些酶保持活性。

（2）在氮代谢中的作用　由于镍是脲酶的组成成分，因此，镍在高等蔬菜，特别是豆科结瘤蔬菜的氮代谢过程中起着十分重要的作用（图 2-18）。

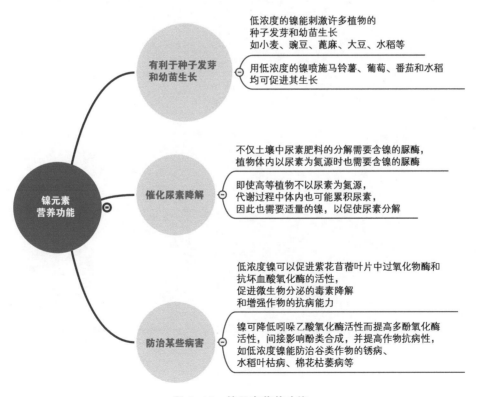

图 2-18　镍元素营养功能

本章列出了矿质元素的主要营养功能，17 种必需营养元素同等重要，不可替代，且每种营养元素都有各自的功能，它们对植物生长发育的影响是多方面的，它们之间遵从齿轮效应，在各自起作用的同时，还存在着相互作用，在不同条件下起主导作用的元素不同。

第 3 章

植物对矿质营养元素的吸收

矿质元素必须溶于水后，才能被植物吸收。植物吸收矿质元素的方式有两种：主动吸收和被动吸收。其中主动吸收是植物细胞吸收矿质元素的主要方式。

主动吸收是指细胞利用代谢能量逆着电化学势梯度吸收矿质元素的过程。主动吸收需要转运蛋白的参与。

被动吸收是指细胞不消耗代谢能量，通过扩散作用或其他物理过程而进行的吸收过程。如 O_2、CO_2、NH_3 等气体分子可以穿过膜，以简单扩散方式进入细胞。

3.1 根系对矿质营养元素的吸收

3.1.1 植物根系吸收矿质营养元素的区域

根系是植物吸收矿质元素的主要器官。从根的顶端到着生根毛的部分称为根尖（图 3-1）。根毛的存在大大增加了根吸收离子的表面积。无论主根、侧根和不定根都具有根尖，它是根生命活动中最活跃的部分，是根进行吸收、合成、分泌等作用的主要部位。

分生组织细胞被定位在根尖处。这些细胞产生根冠和上部根组织。在伸长区域，细胞分化成木质部、韧皮部和皮层。由表皮细胞形成的根毛首先出现在成熟区。

根系吸收矿质元素能力最强的部位是伸长区与根毛区，根毛区以上的成熟部分失去吸收能力，主要执行运输和固着功能。根毛的生存期很短，一般只有几天或 1~2 周的寿命。当根毛死亡后，伸长区的上部逐渐形成新的根毛来补充，因此根毛区和伸长区随着根尖的生长，不断向前移动，有吸收能力的区域也向前移动，改变了根系在土壤中吸收水分和养分的位置。可见，只有根系不断生长，才能顺利地吸收土壤中的水、肥，根的生长一旦受到阻碍，其吸收作用也必然受到影响（图 3-2），因此在农业生产上，为了充分发挥根的吸收能力，必须运用各种措施保证根的旺盛生长，使之不断产生新的吸收部位，形成强大的根系。

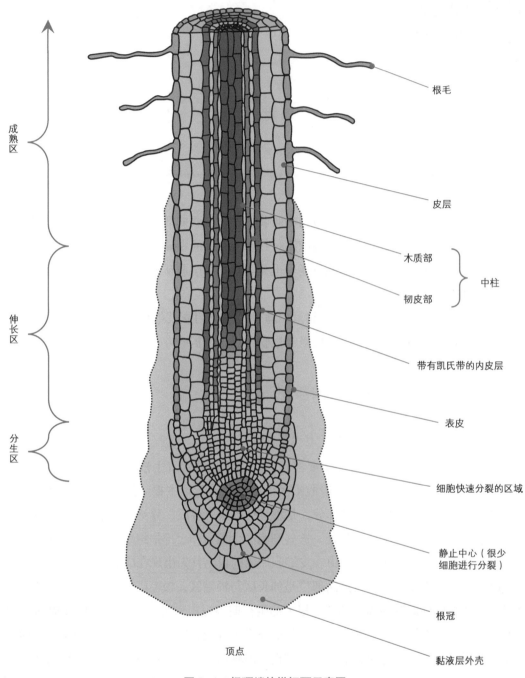

成熟区

伸长区

分生区

顶点

根毛

皮层

木质部

韧皮部

中柱

带有凯氏带的内皮层

表皮

细胞快速分裂的区域

静止中心（很少
细胞进行分裂）

根冠

黏液层外壳

图 3-1　根顶端的纵切面示意图

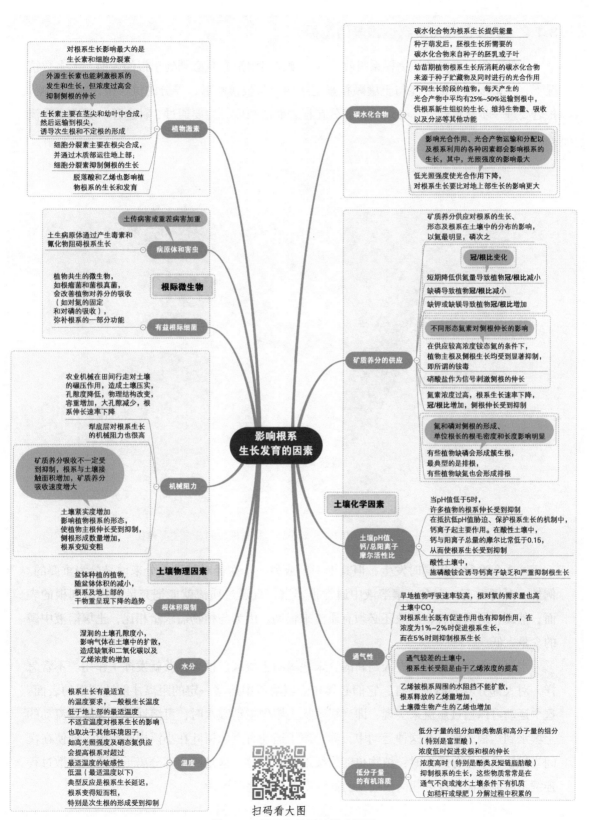

扫码看大图

图 3-2　根系生长及其影响因素

3.1.2 矿质营养元素到达根表的途径

一种营养元素要被植物根系吸收，它必须是可溶形态且必须处于根的表面。大多数情况下，一条根仅有部分能与土壤颗粒紧密接触，与根接触后，养分的供给很快就会衰竭。根若要进一步获得养分，必须维持养分在根表面的浓度，主要通过3种途径：截获、质流和扩散（图3-3）。

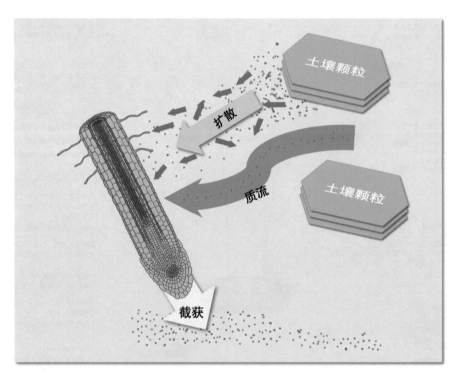

图3-3　土壤溶液中的养分离子到达植物根表的3个主要途径

这3个途径可以同时发生，但其中一个或另一个途径对某种养分来说是最为重要的。例如，对钙而言，它在土壤溶液中通常很丰富，仅通过质流就能把充足的钙带到根的表面；然而，对磷而言，扩散还必须有质流来辅助，因为与植物需求量相比，土壤溶液中磷的含量太低。

当根系不停地生长，进入到新的、未耗竭的土壤区，根系截获就发挥了作用。不管怎样，对大部分养分离子而言，它们必须在土壤溶液中运移一定的距离才能达到根的表面。这个运动可以通过质流来实现，即当根系从土壤中主动吸水时，可溶性养分会随着流动的土壤水到达根表面。在这种运动中，养分离子运动有点像树叶在小溪中的漂流。即使在夜间当根系吸水十分缓慢时，植物也能连续地吸收养分，这是因为养分离子能通过扩散过程连续不断地从高浓度区朝向根周围的低浓度养分耗竭区运动。

在扩散过程中，离子在各个方向是随机运动的，这种运动的结果是离子由高浓度区流向低浓度区，且完全不受溶解到水中离子的任何质流的影响。土壤压实、寒冷低温，以及土壤含水量低等因素能降低根的截获、质流或扩散，从而导致即使在土壤有充分的养分供给时，植物也不能很好地吸收养分。此外，活跃在最邻近根系周围的微生物的活性对吸收养分有效性的作用，可能为正效应，也可能为负效应。因此，保持植物根表面有效养分供给是一个包含着不同土壤组分复杂交互作用的过程。

应该注意的是，植物细胞膜把根细胞的内部与土壤溶液隔离开来，仅仅在特殊的情形下，它对可溶性的离子具有渗透性。植物根系不只是通过质流吸收那些从土壤中移出且存在于水中的养分。无论通过质流把可溶性养分带到根的外表面，还是跨根细胞膜的扩散，进入根系过程都不是被动的扩散，而与此相反，正常情况下，养分进入植物根细胞是靠一个大蛋白质载体分子通过与一个专一化学结合电位反应来实现的。这些蛋白质构成了一个横跨性质完全不同的疏水脂质（脂肪）膜的水通道。根系细胞的代谢活动产生的能量用来激活这些载体蛋白，实现了养分离子的跨膜运输，并释放到细胞内部。这种载体机制允许植物在根细胞内所积累的养分浓度远远大于在土壤溶液中的浓度。由于不同的养分吸收需要其专一类型的载体分子，这样植物就能对必需元素的吸收量及其相对比例进行适宜的调控。

3.2 土壤矿质营养元素的有效性

无机和有机土壤固相中都含有相对丰富的矿质元素，通过一系列的化学和生物化学过程，矿质养分从这些固相形态中释放出来补充给土壤溶液。例如，带有负或正电荷的黏土颗粒和腐殖质，它们从土壤溶液中吸附相反电荷的离子，把它们作为交换性离子保持着。通过离子交换，像 Ca^{2+} 和 K^+ 这些离子就从胶体表面的静电吸附态释放出来进入到土壤溶液中。例如，土壤中 H^+ 与吸附在胶体表面的 K^+ 发生交换，此时，释放出的 K^+ 很容易被植物吸收。

无论土壤颗粒多么的细小，植物的根系是不会吞下土壤颗粒的，而是仅仅能吸收溶解在土壤溶液中的养分。因为在较粗颗粒土壤骨架中的元素只能在漫长时间中慢慢释放到土壤溶液中，所以大部分土壤养分对植物利用不是十分有效。由于胶体粒子拥有巨大表面积，也易迅速发生崩解，这样在其骨架中的矿质元素对植物更加有效。所以，结构骨架是矿质元素主要贮藏库，在一定程度上可以认为，大多数土壤中它是必需元素的重要来源（图 3-4）。

大部分养分被封存于原始矿物、有机质、黏粒和腐殖质的结构骨架中；每种养分的一小部分以离子群方式被吸附在土壤胶体（黏粒和有机质）的近表面；被吸附的离子群中，仅有其中的一小部分被释放到土壤溶液当中，根系才能对其吸收。

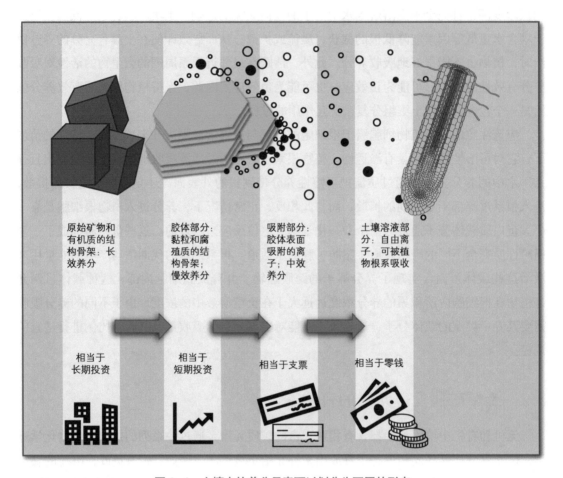

图 3-4 土壤中的养分元素可以划分为不同的形态

植物须从土壤溶液中直接吸收必需营养元素。然而，土壤溶液中必需元素的数量仅能满足几个小时或几天内植物的生长需求。因此，土壤溶液中的养分数量必须连续不断地靠土壤的无机或有机部分以及施入土壤中的肥料来补充。

3.3 影响根系吸收矿质营养元素的因素

植物对养分的吸收是一个主动的代谢过程，除了植物本身的遗传特性外，抑制根系代谢活动的条件同样会抑制其对养分的吸收。例如，土壤水分含量过高或土壤压实造成的土壤通气不良、过热或过冷的土壤温度，以及地上存在不利于把糖转运到植物根系的情况等。因此，植物营养涉及许多生物、物理和化学过程以及众多的土壤和环境间的互作过程（图 3-5）。

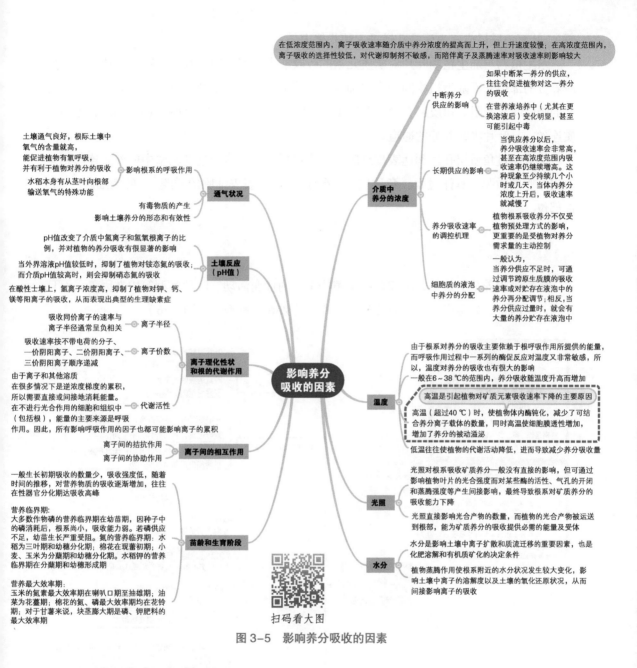

图 3-5　影响养分吸收的因素

3.4　地上部对矿质营养元素的吸收

植物除可从根部吸收养分外，还能通过叶片（或茎）吸收养分，这种营养方式称为植物的根外营养。

3.4.1　吸收方式

溶于水中的矿质营养元素喷施到植物地上部分后，营养元素可通过叶片的气孔（主要）、叶面角质层或茎表面的孔道进入植物体内。

水生植物与陆生植物叶片对矿质元素的吸收能力大不相同。水生植物的叶片是吸收矿质养分的部位，而陆生植物因叶表皮细胞的外壁上覆盖有蜡质及角质层，所以，对矿质元素的吸收明显受阻。角质层有微细孔道（甘蓝叶片角质层小孔的直径为 6~7 nm），也叫外质连丝，是叶片吸收养分的通道。

溶液经过角质层孔道到达表皮细胞的细胞壁后，进一步经过细胞壁中的外质连丝到达表皮细胞的质膜。具体过程：角质层 → 外质连丝 → 表皮细胞的质膜 → 叶肉细胞 → 其他部位。

3.4.2 影响因素

植物吸收养分的效果，不仅取决于植物本身的代谢活动、叶片类型等内在因素，而且还与环境因素，如温度、矿质养分浓度、离子价数等关系密切（图 3-6）。

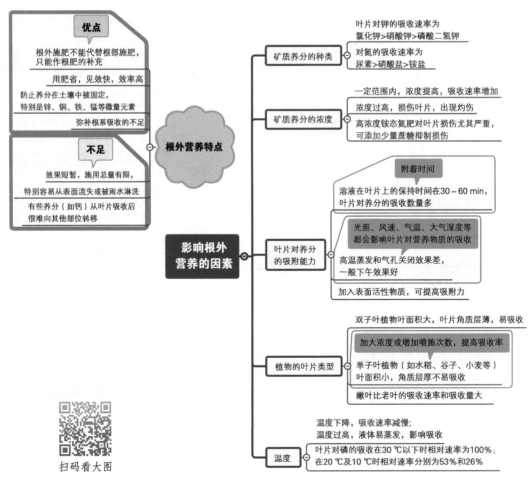

扫码看大图

图 3-6　影响根外营养吸收的因素

第4章

植物对矿质营养元素的运输

根系吸收了水分和矿质养分后，首先需要在根中进行径向运输，从根表到达中柱后，经木质部长距离运输到达地上部，在叶片中再次进行短距离运输，将水分和矿质养分分配到各个细胞中。长距离运输包括木质部和韧皮部运输两个途径，分别在植物的光合产物运输、水分和矿质养分的运输及其在体内的循环和分配方面具有重要作用。

4.1　径向短距离运输

矿质元素随水在根中跨过皮层向中柱的运动有两个途径（图 4-1）：一个是经过质外体（细胞壁和细胞间隙）的途径，这种移动方式速度快；另一个是经过胞间连丝由细胞到细胞的共质体途径，由于要在细胞间进行运输，这种移动方式速度慢。一般经质外体途径的矿质元素运输被内皮层细胞壁上的凯氏带所阻止。由于凯氏带的存在，无论哪一种运输方式，矿质元素离子在进入中柱之前，必须首先进入共质体。同样，凯氏带的存在将阻止离子扩散回到根的外部，从而使木质部中的离子浓度高于根周围土壤溶液的离子浓度。

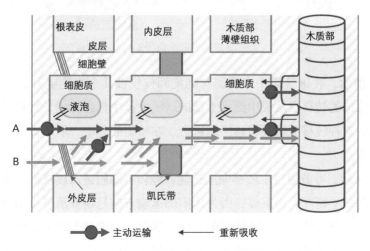

图 4-1　离子在根中经共质体（A）和质外体（B）途径径向运输进入木质部的模型

4.2 纵向长距离运输

植物根系从介质中吸收的矿质养分，一部分在根细胞中被同化和利用；另一部分经皮层组织进入木质部输导系统向地上部运输，供地上部生长发育。这是矿质元素在植物体内纵向长距离运输的主要途径。在矿质元素沿木质部向上运动的同时，存在着部分矿质元素横向运输至韧皮部的现象。通过木质部从根部到达叶片的营养物质，经转移细胞被转移到邻近的韧皮部（图4-2），然后连同在叶片细胞中合成的蔗糖被转移到代谢旺盛或营养物质需求更高的部位。再者，植物地上部绿色组织合成的光合产物及部分矿质养分则可能通过韧皮部系统向下运输到根部，构成植物体内的物质循环系统，调节养分在植物体内的分配。

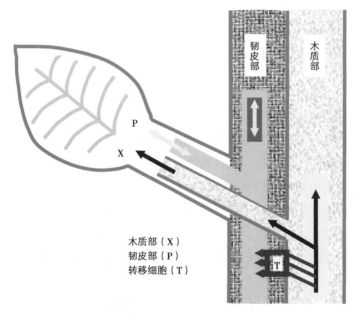

木质部（X）
韧皮部（P）
转移细胞（T）

图4-2　木质部与韧皮部之间的养分转移示意图

如图4-2所示，在维管束中木质部与韧皮部仅仅被几个细胞隔开，有机和无机溶质从木质部向韧皮部的转移在从根中到地上部的运输途径中都会发生，特别是茎，在这方面起着重要作用，这种转移可通过转移细胞进行。在植物的茎中，从木质部向韧皮部的转移最多的部位是节。

如图4-2所示，养分通过木质部向上运输，经转移细胞进入韧皮部。木质部到韧皮部的运输对植物的矿质营养尤为重要，因为木质部运输方向是朝着蒸腾作用最强的部位（器官）运输，往往不是矿质养分需要最多的部位。养分在韧皮部中既可以继续向上运输到需要的器官或部位，也可以向下再回到根部，且受蒸腾影响很小。

韧皮部中的养分也能向木质部转移。例如，小麦开花以后旗叶中的磷、镁和氮经叶片韧皮部进入茎秆的韧皮部，经转移细胞转入木质部，最后进入麦穗中。

4.2.1 木质部运输

木质部中养分移动的驱动力是根压和蒸腾作用。一般在蒸腾作用强的条件下，蒸腾起主导作用。由于根压和蒸腾作用只能使木质部汁液向上运动（图 4-3），而不可能向相反的方向运动，因此，木质部中养分的移动是单向的，即自根部向地上部的运输。

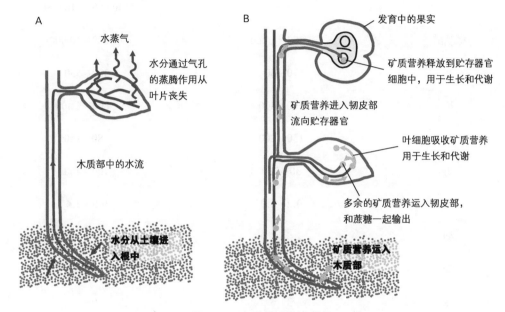

图 4-3 木质部运输过程

在植物体内，一直有持续不断的水流，不仅携带水分，而且含有矿物质等营养物质。植物通过根的吸收表面连通土壤中的水分，到达叶片的蒸腾表面后与空气相连。这股通过整个植株体的水流称为蒸腾流（图 4-3A）。

植物的矿质养分，随着蒸腾流从根部沿木质部到达植物叶片。许多贮存器官有很少或是没有气孔，因此通过蒸腾流运输为生长提供矿物质营养的能力非常有限。营养顶端分生组织和发育中的果实对矿质营养需求很高，因为有很少的气孔，这些器官的蒸腾速率远远小于叶片，因此从木质部而来的水分和营养物质相当有限，韧皮部提供了其所需的绝大部分或是全部的矿物质营养（图 4-3B）。

4.2.2 韧皮部运输

韧皮部运输的特点是养分在活细胞内进行，而且具有两个运输方向。一般来说，韧皮部运输养分以下行为主。

韧皮部中的氮大多数为氨基酸和酰胺，尤其是谷氨酸、天冬氨酸及它们的酰胺（谷氨酰胺和天冬酰胺）。一些无机溶质（包括钾、镁、磷酸盐和氯）也在韧皮部中运输，而硝酸盐、钙、硫和铁在韧皮部中则相对不可被运输（表 4-1）。

表 4-1　高等植物木质部与韧皮部汁液养分的组成及其质量／体积分数

溶质	木质部	韧皮部
糖	—	140 000～210 000
氨基酸	200～1 000	9 000～10 000
P	70～80	300～550
K	200～800	2 800～4 400
Ca	150～200	80～150
Mg	30～200	100～400
Mn	0.2～6.0	0.9～3.4
Zn	1.5～7.0	8～23
Cu	0.1～2.5	1～5
B	3～6	9～11
NO_3^-	1 500～2 000	—
NH_4^+	7～60	45～846

4.3　植物对矿质营养元素的再利用

植物某一器官或部位中的矿质养分通过韧皮部运往其他器官或部位，而被再度利用，这种现象叫作植物养分的再利用。植物体内有些矿质养分可以实现循环再利用，而另外一些养分不能被再利用。

一种特定必需元素从老叶到新叶可被循环再利用的程度，能够反映该元素严重缺乏时缺素症出现的部位。因此，根据矿质元素在植物体内的移动性、再利用程度和缺素部位将其进行分类比较（表 4-2）。

表 4-2　矿质元素在植物体内的表现比较

营养元素	韧皮部移动性	再利用程度	缺素症出现部位
Ca	难移动	很低	幼嫩分生组织
B	难移动	很低	嫩叶和顶芽
Zn	移动性小	低	节间、叶
Fe、Mn、Cu、Mo	移动性小	低	新叶
S	移动性大	较低	新叶
N、P、K、Mg	移动性大	高	老叶

实际上，表 4-2 仅是一个粗略的分类，基因型差异和植物营养状况等都会影响矿质元素的移动性和再利用程度。比如，硼一般情况下在植物中难移动，但在有些植物，特别是在一些果树中，硼能从叶片中转移出去并在韧皮部中移动；钼在韧皮部的移动性也很高，在豆科植物的生育前期叶面喷施钼有利于将钼运往根瘤，可有效提高大豆、花生等的产量；再如铁、锰、铜、锌在韧皮部的移动性小，再利用程度较低，但当韧皮部能够螯合金属微量元素的有机成分含量增高时，这些微量元素的移动性也会随之增大。

当然，一些元素，如氮、磷和钾，很容易从一个叶片移动到另一个叶片；而另一些元素，如硼和钙，则在大多数植物体内的位置相对固定。如果一种必需元素是可移动的，且再利用程度也较高，那么这种元素的缺乏症状将首先出现在老叶上。不易转移的必需元素的缺乏症状则首先会在幼新器官中表现出来（图 4-4）。

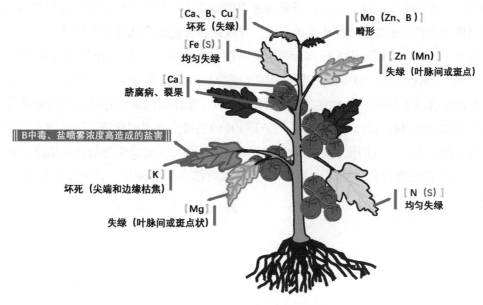

图 4-4　常见的营养失调诊断的一般原则示意图

图 4-4 示意了几种植物缺素症状的发生部位和可能缺乏的元素。对于田间生长的植物诊断会更复杂，尤其是当缺乏一种以上的矿质元素，或有病虫害和其他原因（如喷雾中有效成分含量高造成的盐害）所引起的诊断就会更加复杂。区分营养失调症状与其他症状时，主要记住前者往往具有典型的对称性，即同一株植株上相同或相近位置（生理年龄）上的叶片出现几乎同样的症状，并且从老叶到新叶症状的严重程度有明显的梯度。还应该注意有些元素如锰对不同作物的诊断部位（双子叶新叶、禾本科老叶）不同；硫在氮是否充足的条件下，发生在不同的部位（氮充足在新叶，氮不足在老叶）等。

【知识扩展】钙的运输

通常土壤可提供足够的钙。植物吸收、利用的钙主要取决于植物根系对其吸收和地上部对其运转的能力，同时，土壤和农业技术措施会影响钙的吸收与分布。

一般认为，木质部是植物体内钙运输的主要途径。钙由根系吸收后主要通过蒸腾流由木质部运输到生长旺盛的枝梢、幼叶、花、果及顶端分生组织。钙到达这些组织与器官后，多数变得十分稳定。

多数观点认为，钙在韧皮部中难以运输，因此，钙向生长的果实、茎尖、幼叶等器官中的运输全靠木质部，且在植物各器官间的分布受蒸腾作用影响较大。茎尖、幼叶，尤其是被成熟叶片覆盖的新叶（如甘蓝）以及肉质果实，其蒸腾速率很低，因而木质部输入量也很低。缺钙和与缺钙有关的症状如莴苣顶端枯死、番茄脐腐病（生产实践中，茄果类在结果期如遇到较长时间的低温或阴雨天，蒸腾强度小，常会发生果实生理性缺钙，而出现脐腐病；在设施栽培中，棚内湿度大，作物蒸腾受到抑制导致生理性缺钙，也时常会发生脐腐病）、大白菜干烧心病（也是由于菜心蒸腾量小，木质部钙供应不足而引起的）和苹果的苦痘病等发病很广泛。有时在低蒸腾速率的器官（如果实）中，很强的韧皮部质流能够强烈地抑制甚至改变木质部质流的方向，导致钙和有机溶质从果实中流出。

抑制蒸腾通常可以促进木质部汁液向低蒸腾器官流动。例如，夜间相对湿度增加，能使大白菜叶钙含量增加 64%，而使顶端坏死减少 90%。土壤干旱时，马铃薯叶片喷施抗蒸腾剂能显著减少与缺钙有关的茎坏死枯斑的出现。采用田间试验并结合 ^{45}Ca 示踪等方法研究苹果幼果钙吸收特性，结果表明，施于叶片的钙极少向果实转移，因此应有针对性地直接施于幼果上，适宜的施钙时期为幼果形成 1 个月内，$CaCl_2$ 喷施的适宜浓度为 0.5%。另外，加入有机螯合物，能显著增加 Ca^{2+} 在木质部中的移动性，使更多的钙运向植株顶端。

第 5 章

植物对矿质营养元素的同化

5.1 矿质营养元素与光合作用

矿质营养以各种方式影响净光合作用过程，涉及叶绿体形成和功能的各种过程都需要矿质养分（表 5-1）。

表 5-1 光合作用中起直接和间接作用的矿质养分

光合作用过程	矿质养分的作用	
	有机结构成分	酶、渗透调节
叶绿体建成		
蛋白质合成	N、S	Mg、Zn、Fe、K（Mn）
叶绿素合成	N、Mg	Fe
电子传递链		
PS Ⅱ + Ⅰ，光合磷酸化	Mg、Fe、Cu、S、P	Mg、Mn（K）
CO₂ 同化	—	Mg（K、Zn）
气孔运动	—	K（Cl）
淀粉合成，糖运输	P	Mg、P（K）

注：括号内矿质养分系间接影响。

植物光合作用是利用光能，将二氧化碳合成为碳水化合物，并产生氧气（图 5-1）。地球上大部分的能源来自近代或古代的光合作用（化石燃料）。碳水化合物中贮存的能量被用于驱动植物细胞的代谢活动，并为所有的生命提供能量来源。

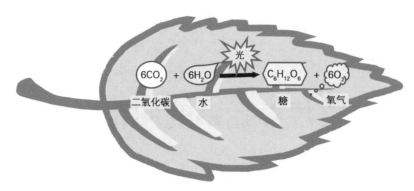

图 5-1 植物光合作用基本反应式

科学家不断从植物光合作用中获得启发，自 1912 年意大利化学家贾科莫·恰米奇安（Giacomo Ciamician）提出"人工光合作用"这一理念，到 2011 年，美国化学家丹尼尔·诺赛拉（Daniel Nocera）和他的研究团队声称成功制造出了第一个生产上可用的"人造树叶"。科学家们一直在探索，希望人工光合作用可以作为新型清洁能源替代化石燃料走进人们的生活，造福人类。

5.2 氮的吸收和同化

植物吸收的氮素主要是铵态氮和硝态氮，某些可溶性的有机含氮化合物，如氨基酸、尿素，也能被植物所吸收，只是吸收量有限。在农田土壤中，硝态氮是作物主要的氮源。由于土壤中的铵态氮经硝化作用可转变为硝态氮，所以作物吸收的硝态氮多于铵态氮。

5.2.1 硝态氮和铵态氮

5.2.1.1 铵态氮、硝态氮的营养生理性质

从植物生理角度看，铵态氮、硝态氮都是植物的良好氮源。这两种形态的氮素约占植物吸收阴阳离子总量的 80%。

植物在吸收和代谢两种形态的氮素上存在不同。铵态氮进入植物细胞后会很快与有机酸结合，形成氨基酸或酰胺，铵态氮以氨的形态通过快速扩散穿过细胞膜，氨系统内 NH_4^+ 去质子化形成的氨对植物毒害作用较大。硝态氮在进入植物体后一部分被还原成铵态氮，并在细胞质中进行代谢，其余部分可"贮备"在细胞的液泡中，有时达到较高的累积量也不会对植物产生不良影响。硝态氮在植物体内的积累发生在植物的营养生长阶段，随着植物的不断生长，体内的硝态氮含量会大幅下降，甚至会消耗净尽。重要的是，这种积累主要集中在茎叶中，很少进入种子和果实。这是一切植物的共性。因此，单纯施用硝态氮肥一般不会产生不良效果，而单纯施用铵态氮则可能会发生铵盐毒害，在水培条件下更易发

生。图 5-2 总结了两种氮素形态在代谢同化方面的不同，对阴阳离子、根际 pH 值、碳水化合物及根系生长方面的影响以及施入土壤后的行为和植物偏好等方面的不同。

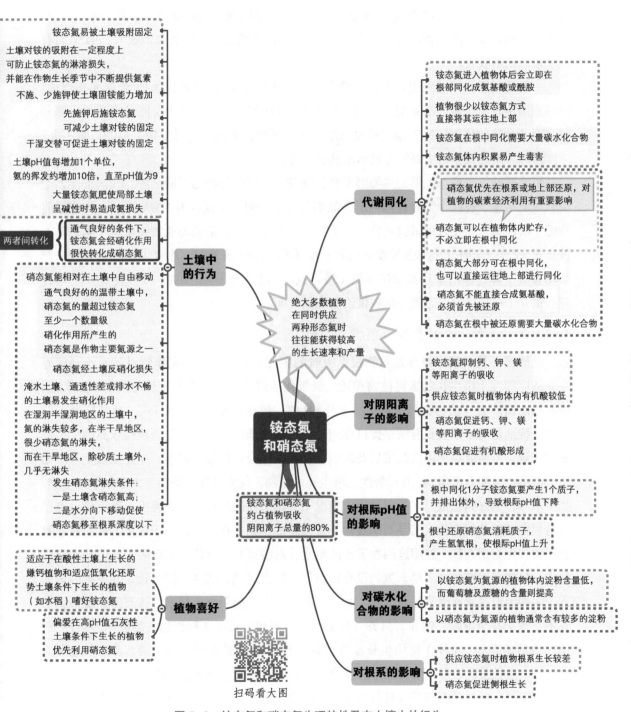

图 5-2　铵态氮和硝态氮生理特性及在土壤中的行为

5.2.1.2 植物吸收铵态氮、硝态氮的能力

植物对铵态氮、硝态氮吸收情况除与植物种类有关外，外界环境条件也有着重要的影响。其中，溶液中的浓度直接影响吸收的多少，温度影响着代谢过程的强弱，而土壤 pH 值影响着两者进入的比例。在其他条件一致时，pH 值低有利于硝态氮的吸收；pH 值高有利于铵态氮的吸收。

一般情况下，同时施用铵态氮和硝态氮肥，往往能获得作物较高的生长速率和产量。同时施用两种形态氮，植物更容易调节细胞内的 pH 值和通过消耗少量能量来贮存一部分氮。两者合适的比例取决于施用的总浓度。浓度低时，不同比例对植物生长的影响不大；浓度高时，硝态氮作为主要氮源显示出其优越性。

影响两种氮素形态效果的主要因子是作物种类、同一作物的不同品种、气候条件、土壤和氮肥用量。现以小麦对这两种形态氮肥的反应为例：施氮量为 120 kg/hm^2，均作播前种肥一次性施入。在大田试验条件下，单独供给硝态氮和供给硝态氮加铵态氮（硝态氮∶铵态氮 =2∶1）时，小麦生长发育良好；而单独供给铵态氮时，小麦生物产量与籽粒产量均有所下降；供给铵态氮加硝态氮（铵态氮∶硝态氮 =2∶1）时，小麦生物产量与籽粒产量介于单独供给铵态氮与单独供给硝态氮之间。

5.2.1.3 植物吸收铵态氮、硝态氮的偏好

虽然铵态氮、硝态氮都是植物根系吸收的主要无机氮，但不同作物对其有不同偏好性。适应酸性土壤生长的嫌钙植物和适应低氧化还原势土壤条件下生长的植物（如水稻）嗜好铵态氮。有些植物如马铃薯，适于低 pH 值，供应铵态氮，可使介质 pH 值降低，对植株，特别是对根系生长有明显促进作用。某些植物施用铵态氮肥能否获得较高的生长速率和产量，主要取决于根部温度以及影响根部碳水化合物供应的因素，如光照强度等。相反，喜钙植物和适于高 pH 值石灰性土壤生长的植物，优先利用硝态氮，大多数旱地作物，如玉米等，偏好硝态氮。在等氮量供应情况下，硝态氮的增产效果更突出。蔬菜是一类很容易累积硝酸盐的作物，又是对硝酸盐非常偏爱的作物。在田间，由于尿素态氮或铵态氮会很快转化为硝态氮，施用这两种形态的氮素，对蔬菜并没有什么不良后果；但在水培试验中，只在营养液中加入硝态氮，没有铵态氮、尿素态氮，蔬菜正常生长，并没有因未加入这两种形态氮素而受到任何影响。相反，没有硝态氮而只加入尿素或铵态氮，蔬菜就生长不正常，甚至绝收。例如，莴笋、菠菜、小白菜和大青菜 4 种作物在溶液培养条件下，单独供给硝态氮，4 种作物均生长发育良好；供给硝态氮加铵态氮（硝态氮∶铵态氮 =1∶1），生长量均有所下降，而单独供给铵态氮时，生长量则大幅下降。

烟草是一种对硝态氮反应良好的作物，施用硝态氮不但能提高其产量，也能改善其品质。硝态氮有利于在烟草体内形成大量的有机酸，特别是促进柠檬酸和苹果酸的积累，因此能够增强烟叶的燃烧性。许多小粒种子，如小麦，因种子中碳水化合物含量少，忍受铵

态氮的能力很小，而对硝态氮的利用能力较强。甜菜是喜钠作物，施用硝态氮效果良好。水稻终生以水为家，铵态氮一直被认为是其最好的氮源。但田间试验结果表明，水稻也喜欢硝态氮，后期补施一些硝态氮肥会有锦上添花之效，获得更高的产量。

随着外界浓度的升高，硝态氮作为氮源的优势增加明显，铵态氮抑制植物生长的效应也更明显。1980 年 Hageman 在综述了一个世纪以来关于氮素形态对植物的影响后指出，Amon 1937 年提出的"铵态氮和硝态氮都可以为植物生长和生产提供足够的氮源，但硝态氮似乎更安全"的观点仍然是正确的。铵态氮肥的肥效效果不好，主要是由其生理酸性造成的，而在营养液栽培条件下，环境酸化是影响铵态氮肥肥效的关键。

5.2.2　植物对硝态氮的吸收同化

大多数植物以硝态氮的形式吸收大部分的氮。对于许多植物来说，主要是从土壤中吸收硝态氮。

植物吸收硝态氮是主动吸收过程（图 5–3）。NO_3^- 通过质膜向内运输，需要克服强烈的电位梯度，因为带负电荷的 NO_3^- 不仅需要克服负的质膜电位，还要克服内部较高的硝酸盐浓度梯度。因此，NO_3^- 的吸收是一个消耗能量的过程。硝酸盐转运蛋白跨膜运输硝酸盐，伴随着 H^+ 的同向转移，相反地，H^+-ATP 酶需要消耗 ATP，由 H^+ 泵向外运输 H^+ 以维持质膜上的氢离子梯度。

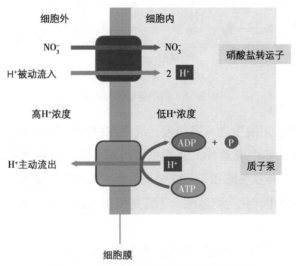

图 5–3　NO_3^- 进入植物细胞过程示意图

被根系吸收的硝态氮主要有以下几种去向：①在细胞质中，通过硝酸还原酶被还原成 NH_3/NH_4^+；②通过细胞膜流出原生质体，再次到达质外体内；③贮存在液泡中；④通过木质部运输到地上部被还原利用。

硝态氮进入植物体后，其中一部分硝态氮可进入根细胞的液泡中贮存起来暂时不被同化，而大部分既可以在根系中同化为氨基酸也可以 NO_3^- 的形式直接通过木质部被运往地上部进行同化。根中合成的氨基酸也可以向地上部运输，在叶片中再合成蛋白质。在叶片中的 NO_3^- 同样可进入液泡暂时贮存起来，或进一步同化为各种有机氮。叶片中合成的氨基酸也可以通过韧皮部向根系输送（图5-4）。

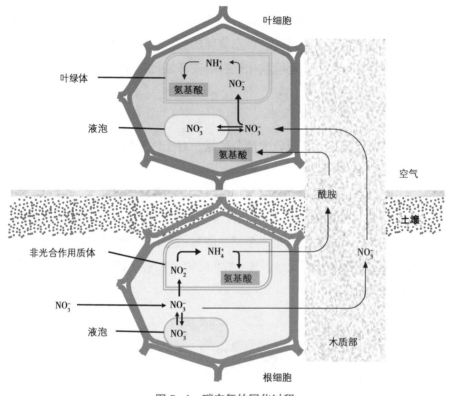

图5-4 硝态氮的同化过程

氮以 NO_3^- 的形式从土壤中进入根细胞，或是在根细胞中被还原为铵进行氨基酸合成和以氨基酸形式输出到茎中或是 NO_3^- 直接被转运到茎中，从根到茎的运输发生在木质部中。在大多数植物中，谷氨酰胺和天冬酰胺是主要的氨基酸运输形式。运输到茎中的 NO_3^- 被转化为铵后在叶绿体中转化为氨基酸，不管是根细胞还是茎细胞，胞质和液泡中的 NO_3^- 均处于动态平衡中。

在单一的物种中，硝态氮同化的位置通常取决于硝态氮的供给量：当硝态氮丰富时，叶片是主要的同化部位，但当硝态氮供应受限时，根成了主要的同化部位（图5-5）。

硝态氮是优先在根系还原还是优先在地上部还原对植物的碳素经济利用有重要影响，尤其对植物适应低光照强度或高光照强度环境具有重要的生态意义。在低光照强度环境中或结实植物中也许存在着 CO_2 和 NO_3^- 还原的竞争作用。

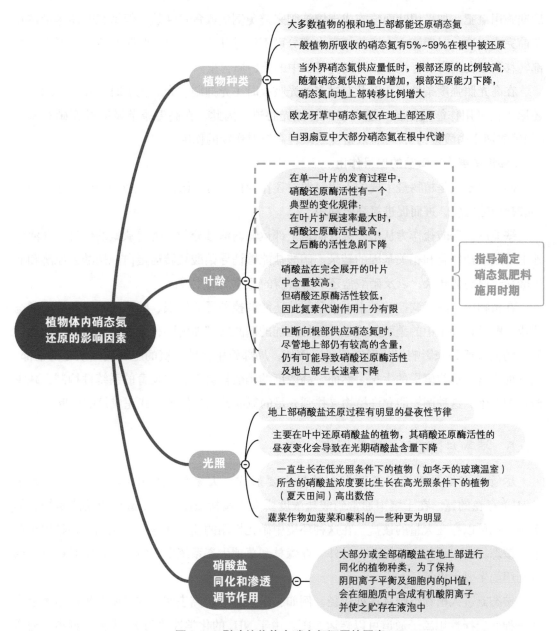

图 5-5　影响植物体内硝态氮还原的因素

　　根据光照条件控制氮素用量，可实现氮素的高效利用。光照强度减弱时适当减少氮肥投入。硝态氮肥在结实植物中也不宜施用过晚。结实植物在结实后大量施用硝态氮肥，会造成贪青晚熟，尤其是不利于苹果、桃等中晚熟品种的转色。因此，在生产上，结实植物生长中后期适当增加铵态氮肥的施用比例更有利于植物健康生长。禾谷类作物（如小麦、玉米），应避免早期一次性施用氮肥过多造成相互遮阴和倒伏，后期避免施用过迟或过量导致贪青晚熟，此类作物可通过氮肥分次施用或底追结合来提高肥料利用率；也可以通过后期施用氮肥，如采用叶面喷施或土壤施肥来避免倒伏或贪青晚熟，但施肥时期尽量在开花前完成。这一时期施入土壤的氮素大部分可不经过叶片，直接以酰胺和氨基酸形态从根部转移到正在发育的籽粒中，以提高籽粒中的蛋白质含量。

在高光照强度条件下，以及有过多的光吸收时（光抑制、光氧化）时，叶片中的 NO_3^- 还原不仅可用作能量储备，还可以减轻强光胁迫。因此，在高温季节及时补充硝态氮肥（如硝酸钙或硝酸铵钙），可有效避免或减轻高温对作物的伤害。

【知识扩展】硝酸盐的信号作用

硝态氮不仅是植物最主要的无机氮源，还作为信号分子激活一系列基因的表达，触发硝酸盐应答反应，进而促进氮高效利用。

缺氮后，硝酸盐作为从根系吸收向地上部运输的信号分子，传递缺氮的信息，并活化地上部硝酸盐同化和相关基因的转录。硝酸盐能够诱导硝酸盐转运蛋白、硝酸还原酶和亚硝酸盐还原酶的转录，以及硝酸盐还原所必需的还原剂的生成。

在植物中，除了调控转录水平，硝酸盐还能调控种子的休眠、叶片的扩张和根的形态建成。贮存在种子中的硝酸盐或是外源性施加的硝酸盐都能解除种子的休眠。硝酸盐通过复杂的信号通路来影响根的形态建成，例如，局部施用含硝态氮的肥料到氮缺乏的根部，能够促进这一部位侧根的生长。然而，高浓度的硝酸盐会引起根发育的系统性抑制，减少侧根的发生。这种调控能允许植物寻找到充足的氮源并以最优的方式完成氮的摄取。

5.2.3 植物对铵态氮的吸收同化

尽管硝态氮是土壤中氮源存在的最主要形式，大多数土壤中同样含有以铵离子（NH_4^+）存在的氮。在土壤中通常硝酸盐浓度要大于铵盐浓度，但是酸性土壤或是缺氧的土壤中也可以存在大量的铵盐，在这种环境中硝化作用的速率非常低。例如，在稻田土壤中，铵态氮是水稻的主要氮源，另外，在森林和草地生态系统中，铵态氮通常是植物根部可利用的主要无机氮。

铵态氮进入植物细胞有多种途径，例如：电生理学研究表明，在拟南芥根的质膜上存在一种非选择性阳离子通道可以转运 NH_4^+。由于 NH_4^+ 的化学性质与 K^+ 类似，钾离子通道也可允许 NH_4^+ 的通过。另外，NH_4^+ 也可以通过水通道蛋白跨膜向液泡内运输。在高等植物中，高亲和力的 AMT NH_4^+ 转运蛋白是介导植物根系从土壤中跨膜运输铵态氮的主要途径（图5-6）。

NH_4^+ 转运系统的作用包括根系从土壤中吸收 NH_4^+，也包括 NH_4^+ 从根细胞中的排出，即使是 NO_3^- 作为氮源，也能明显观察到 NH_4^+ 的排出。保持细胞质内较低的 NH_4^+ 浓度是保证细胞不受氨毒的首要因素，所以，NH_4^+ 排出系统对于保持植物体内铵库的稳定也具有重要的意义。

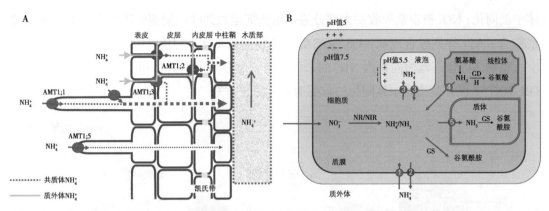

图 5-6　ATM 家族成员参与根中铵盐转运的空间表达模式（A）和铵在植物细胞内的跨膜运输模式（B）

　　植物根系吸收的 NH_4^+ 大部分在根部被同化（图 5-7），主要是由于过量的 NH_4^+ 会导致植物中毒，因此合成有机含氮化合物是解毒的主要措施。铵毒的症状总体上表现为生物量下降，这主要是因为过量 NH_4^+ 的同化会导致可供植物生长的碳源（糖类）减少，以及 NH_3/NH_4^+ 在根部细胞跨膜循环中能量的消耗（NH_3 与 NH_4^+ 两种形态在溶液中处于动态转换中，在所有的生理环境中，均以 NH_4^+ 占绝对优势。）。此外，过量的 NH_4^+ 会导致植物叶片失绿、阴阳离子失衡以及氨基酸积累，这些都会引起植物的异常生长。

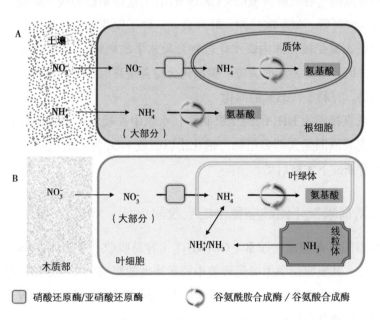

图 5-7　铵态氮同化示意图

　　NH_4^+ 被植物吸收后，大部分在根细胞中很快同化为氨基酸（图 5-7A），然后同化的氨，以氨基酸和酰胺的形式经木质部向地上部运输，除在水稻根中仍有一定数量的 NH_4^+ 通过木质部向上运输外，很少以 NH_4^+ 的方式直接送往地上部；光呼吸产生的 NH_3 进入叶绿体中被同化；NO_3^-被根系吸收后大部分通过木质部运送到叶肉细胞中还原为NH_4^+而被谷氨酰胺合成酶/谷氨酸合成酶（GS/GOGAT）循环同化（图5-7B），只有部分在根中还原。

植物体内铵态氮的同化因NH_4^+的来源不同又可分为一次同化和二次同化。目前认为，GS/GOGAT循环是植物中氮同化的首要途径（图5-8）。

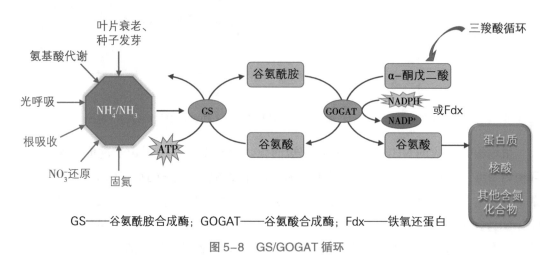

GS——谷氨酰胺合成酶；GOGAT——谷氨酸合成酶；Fdx——铁氧还蛋白

图5-8 GS/GOGAT循环

谷氨酰胺合成酶-谷氨酸合成酶（GS/GOGAT）途径是铵初级（固氮、NO_3^-还原、根吸收）和次级（光呼吸、氨基酸代谢、叶片衰老、种子发芽）同化作用的主要机制。

植物吸收铵态氮受植物体内碳水化合物含量水平的影响，因为植物NH_4^+同化不仅需要大量的能量，而且需要大量的碳源。碳水化合物含量高时，能促进铵态氮的吸收，因为碳源和能量充足，有利于铵态氮的同化。

然而，根系直接吸收NH_4^+的同化机制除在水稻中被较清楚地阐明外，在其他物种中还知之甚少，主要原因是大部分植物已进化出以吸收NO_3^-为主的机制，而NH_4^+的吸收同化一般只在特定条件下才被启动。

5.2.4 植物对尿素氮（酰胺态氮）的吸收同化

与其他形态的氮素相比，尿素［$CO(NH_2)_2$］容易吸收，且吸收速率较快，但植物只能吸收一小部分。其吸收速率主要受环境中尿素浓度的影响。在一定浓度范围内，尿素的浓度越高，植物的吸收速率越快，如果过量吸收，尿素就会在植物体内发生积累，积累量超过一定阈值，植物会中毒死亡。

尿素对植物代谢和生长的影响介于硝态氮和铵态氮之间。尿素能直接被根或地上部吸收，被根吸收以后可以在根中（如大豆）或转移到地上部（如玉米）被脲酶迅速水解。

尿素做根外追肥最为适宜，因其分子体积小，易透过细胞膜；呈中性、电离度小，不易引起细胞质壁分离；又有一定的吸湿性，能使叶面保持湿润状态，以利叶片吸收；它进入细胞后很快参与同化作用，肥效快。

尿素进入细胞之后，被进一步同化。目前，关于尿素的同化机理有两种认识。多数学者认为，尿素进入植物细胞后，在脲酶的作用下分解成氨，然后进一步被利用。另一种见解认为，有些作物如麦类、黄瓜、莴苣和马铃薯等作物体内几乎检测不到脲酶的活性，尿素是被直接同化的。

5.2.5　植物对氨基酸的吸收同化

植物能够吸收简单的有机氮。近年来，有关土壤吸附有机氮，尤其是氨基酸态氮分布特征、生物有效性及其营养调控机理的研究逐渐引起人们的重视。占土壤总氮量 90% 以上的有机氮有 30%~50% 先降解为氨基酸，再矿化为铵态氮，氨基酸的产生是源远流长的过程，正好符合植物吸收的需要。吴良欢和陶勤南（2000）实验室的无菌培养试验结果表明，在连续不断供应养分的条件下，低浓度的氨基酸可促进水稻对氮养分的吸收。

我国最早研究作物吸收氨基酸态氮是从 20 世纪 60 年代开始的。20 世纪 90 年代以来，借助于无菌培养、同位素示踪及分子生物学技术，人们已相继证实植物可以直接吸收土壤中的小分子有机氮，如氨基酸、核酸、脂肪酸等。近年来，学术界认同有机营养的学者正在增多。不仅寒冷地带植物可以吸收氨基酸，农作物也可吸收氨基酸，这些发现具有十分重要的意义；而且，植物细胞质膜上存在吸收氨基酸的载体，这些氨基酸转运子基因有的已被克隆和鉴定。

不可忽视的是，在大田条件下，植物根分泌氨基酸。这些氨基酸主要集中在根表面处，氨基酸在土壤干燥时扩散距离仅几个微米而且在根尖处微生物数量少，因而利于根对氨基酸再吸收。Gordon 和 Jackson（2000）报道，死根和活根中氮浓度相近，说明氮不能从老根转移。根细胞质氨基酸浓度高，故当根衰老组织死亡降解后能够增加根际中氨基酸浓度，也利于根的再吸收。

氨基酸态氮进入植物体后，可通过转氨基、脱氨基作用及其他过程加以同化。

目前，虽然已对植物氨基酸吸收动力学特征、氨基酸对植物的氮营养贡献进行了大量研究，但对植物吸收利用氨基酸的认识主要是建立在无菌培养、^{15}N 同位素示踪和 $^{13}C/^{14}C$ 示踪技术的基础上。大多数植物有机氮方面的研究也仅仅局限于单一的游离氨基酸氮源，实际上土壤中存在十几种不同类型、不同形态的氨基酸，植物对它们的吸收能力也存在很多差异，仅用一种或几种氨基酸作为氮源并不能很好地评价土壤氨基酸态氮对植物实际氮营养的贡献。

综上，植物主要吸收和利用硝态氮、铵态氮和少量尿素（酰胺态氮），这是目前植物氮素营养的主要供应方式。其他形态的氮吸收利用得极少，只能作为植物氮素营养的辅助供应方式。

5.2.6 植物对空气中 N_2 的吸收同化

其他的植物，主要是豆类，是从与其共生的固氮菌中获取氮。

自然界中的氮素资源十分丰富，大气中近 78% 的气体为氮气（N_2）。但只有少数原核生物，即细菌和蓝绿藻（蓝藻细菌）能够固定空气中的氮素。这些原核生物通过自生或与植物共生，将大气中的氮气转化成能被植物吸收利用的氮素，称为生物固氮。陆生生态系统中主要存在 3 种不同的生物固氮机制，即共生固氮、联合固氮和自生固氮。它们的能量来源及固氮能力完全不同。

通常共生体系的固氮能力最强，在共生系统中，所固定的 90% 以上的氮素很快从细菌转运到植物体内，使植物直接获益。

豆科植物是具有共生固氮能力的代表性植物。根瘤菌是豆类植物–根瘤菌共生体系中的典型代表，可以将空气中的氮气转化为氨，为植物提供氮素。

由于氮气（N_2）相对稳定，不能被大部分生物代谢。固氮细菌在固氮酶的作用下将氮还原成氨（NH_3）（图 5-9）。

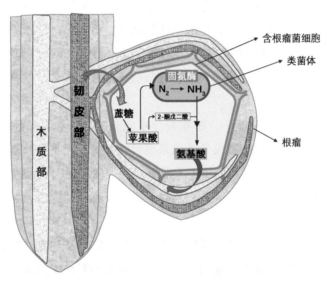

图 5-9 生物固氮示意图

叶片通过光合作用产生的蔗糖，经过韧皮部输送到根瘤中。蔗糖在含有根瘤菌的细胞中降解成苹果酸进入类菌体。苹果酸在细胞质中降解生成 2-酮戊二酸，它与固氮反应生成的氮合成氨基酸。因共生固氮原核生物产生的氨对植物是有毒的，所以在输出前，在根瘤中就被迅速同化成氨基酸，通过木质部从根瘤输送到植物的其他部位。

在根瘤中，固氮作用和氨基酸合成需要碳源以保证细菌的呼吸作用，从而为固氮反应提供 ATP 和还原性的铁氧化蛋白，以及为氨同化为氨基酸提供前体分子。这都是通过代谢从叶片转运到根瘤的蔗糖来实现的。

【知识扩展】根瘤形成过程

豆类植物 - 根瘤菌共生关系形成的第一步是植物根系释放化学诱导剂，根瘤菌通过识别诱导剂浓度变化锁定根的位置；第二步，根瘤菌到达根表附近后，根瘤菌附着在根毛上，分泌一种物质诱导根毛卷曲包裹根瘤菌，包囊部位的根毛细胞壁降解，根瘤菌由此穿过根皮层进入皮层细胞；第三步，根瘤菌进入皮层细胞后会刺激皮层细胞不断分裂和发育（图 5-10）。而根瘤菌则利用植物提供的材料在根瘤外搭建一个外壳，这个外壳可以阻止氧气进入根瘤。自此根瘤菌也开始了自己的"本职工作"：它从植物细胞中获取营养，合成固氮作用所需的一系列酶，并将从空气中吸收的氮气逐步转化为铵态氮为自己和植物所用。为了更好地工作，根瘤菌发生了一些变化：它们的细胞膨大，呈现不同的形状，同时丧失繁殖能力。这种变化后的根瘤菌称为类菌体（类菌体的固氮效率极高），最后，含有类菌体的细胞形成根瘤。

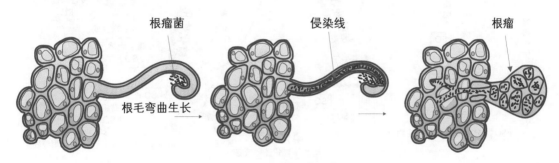

图 5-10　根瘤形成示意图

2020 年 12 月 10 日，中国科学院分子植物科学卓越创新中心王二涛研究团队在国际顶级学术期刊 *Nature* 上发表论文 "An SHR–SCR module specifies legume cortical cell fate to enable nodulation"，研究揭示豆科植物皮层细胞获得 SHR-SCR 干细胞分子模块，使其有别于非豆科植物。该项工作发现了控制豆科植物根瘤共生固氮的关键分子模块，不仅加深了人们对共生固氮的理解，也为非豆科植物皮层细胞命运的改造奠定了基础，为今后减少作物对氮肥的依赖、实现农业生产的可持续发展提供了新的思路。

未来，随着研究的进一步深入，抑或是借助现代科学技术合理利用根瘤和菌根，农业上将可能发生一轮绿色革命。

5.2.7　氮素循环

我们都知道，空气中虽有 78% 的氮气，但不能直接为大多数植物所利用，只能通过特定的途径加以利用，如大气固氮（通过光化学和闪电固氮量较少）、工业固氮（化肥厂合成氨）和生物固氮（根瘤菌固氮）。

　　氮素在循环过程中会呈现多种不同的形态（图 5-11），每种形态都有其独特的属性、行为和生态效应。氮素循环过程也解释了为什么植物（间接来说还有动物）长年累月地从土壤中吸收并移走氮素，却没有导致土壤氮素耗竭。了解氮素迁移和转化是解决许多环境、农业和自然资源相关问题的基础。

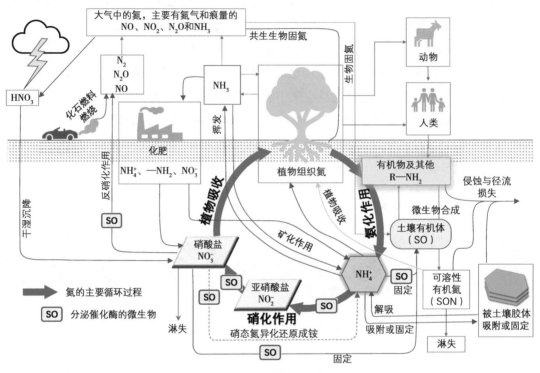

图 5-11　氮素循环示意图

　　土壤中的氮大部分以有机分子形式存在。硝态氮和铵态氮是氮素循环过程中两种非常重要的无机态氮。除了可能随径流和侵蚀损失之外，铵态氮还有以下 5 种转化途径：①被微生物同化固定；②被植物吸收；③被 2：1 型黏土矿物层间固定；④转化成氨气挥发；⑤被微生物氧化形成亚硝酸盐，随后形成硝酸盐，这一过程叫作硝化作用。类似地，硝态氮也有以下 4 种可能的转化途径：①被微生物同化固定；②被植物吸收；③随渗漏液淋失进入地下水；④通过反硝化作用转化成含氮气体挥发进入大气。

5.3　磷的吸收和同化

　　磷以磷酸盐的形式（PO_4^{3-}）存在于生物圈中（图 5-12）。大部分磷包埋在岩石中，与钙、铁、镁或铝的氧化物复合存在。岩石的自然风化非常缓慢地溶解出这些磷。植物及一些微生物分泌的有机酸能够加速这一过程。磷一旦被植物或微生物从土壤溶液中吸收，就会结合进入有机物如磷脂、核苷酸等。在陆地生态系统中，有机磷在各种生物间进行循环，在降解过程中，其中一部分磷被转化为无机形态，另一部分以难溶形态进入土壤，或进入江河湖泊。在开放水域表面，磷在很短时间内以有机形式存在，其后沉入深海数千年，形成新岩石。

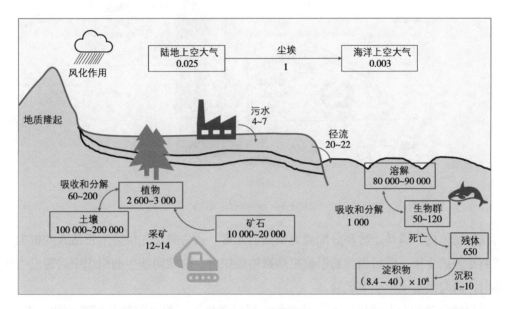

图 5-12　磷循环

注：框中给出各种贮存库及大概量（10^{12}g P），箭头表示各库间的流动（10^{12}g P/a）。图改编自 Schlesinger（1997）。

5.3.1　磷的吸收和代谢

植物根系从土壤中主要吸收 $H_2PO_4^-$ 和 HPO_4^{2-} 两种形式的磷。两种离子的数量受到环境 pH 值的影响。pH 值低于 6.0 时，植物吸收 $H_2PO_4^-$ 较多；pH 值在 7.0 以上时，植物吸收 HPO_4^{2-} 较多。在 pH 值为 6.0~7.0 时，植物对以 $H_2PO_4^-$ 形态存在的磷吸收率最高。

磷被吸收后，一部分用于合成磷脂、DNA 和 RNA，一部分用于合成 ATP，其余部分以无机态磷（钙、镁、钾的磷酸盐）存在于细胞质中（图 5-13）。如果植物吸收的磷高于上述需求，细胞质中的磷会转移至液泡中贮存起来，或通过木质部运往其他部位，当细胞对磷的需求大于磷的吸收时，液泡中贮存的磷会向细胞中转移，或是其他器官中的磷通过韧皮部再分配进入需磷的细胞。在木质部导管中的磷大部分是无机态磷酸盐，有机态的磷极少。韧皮部中的磷则兼有有机态磷和无机态磷两类。无机态磷在植物体内移动性大，可以直接向上或向下移动，有时运往地上部的磷约一半以上可通过韧皮部再运往植物的其他部位，特别是正在生长的器官。

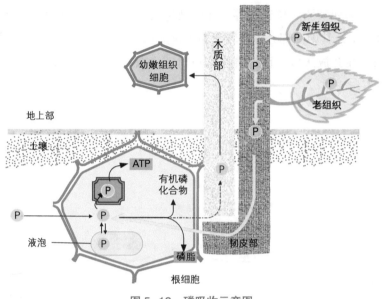

图 5-13 磷吸收示意图

在植物体内，磷是运转和分配能力很强的元素。通常磷优先供应生长活跃的根尖、茎尖或新芽等的生长，即每当作物形成更幼嫩的组织时，磷就向新生的组织中运转。当作物成熟时，磷向果实或种子中运输。

植物体内磷的分布受供磷水平的影响。低磷条件下，根会保留其所吸收的大部分磷，地上部发育所需要的磷主要靠茎叶中磷的再利用；供磷适宜时根只保留其所吸收的一小部分磷，大部分磷被运往地上部，在生殖器官发育时，茎叶中的磷大部分可以再利用；供磷水平高时，根吸收的磷大部分积累在茎叶中，直至衰老。

5.3.2 磷的获取方式

由于磷在土壤中易被固定而难以移动，植物只能吸收根系所能接触到的有效磷。因此许多植物通过两种途径来获取磷营养。一种是直接吸收土壤中游离的磷酸盐。当土壤中游离的磷酸盐浓度低时，根系通过分泌有机化合物，释放土壤中的难溶性磷酸盐，提高磷的有效性，进而促进根系对磷的吸收；另一种是和真菌建立共生关系，形成菌根，借助真菌菌丝从根周围一大片区域吸收磷酸盐。

5.3.2.1 植物分泌有机化合物提高对磷的吸收

植物主要通过根系吸收土壤中的磷。由于土壤中的磷大部分被有机物或铁铝的氧化胶膜固定而难以被植物吸收利用，这些被固定的磷只有活化以后才能被植物吸收利用。

磷在土壤中的扩散非常缓慢，根表面 1~5 mm 的区域通常没有磷。植物通过根表皮细胞分泌磷酸酶、有机阴离子（如苹果酸盐和柠檬酸盐）和质子，直接酸化根周围的土壤，溶解被土壤颗粒束缚的磷酸盐，或水解有机磷，以提高磷的可用性（图 5-14）。

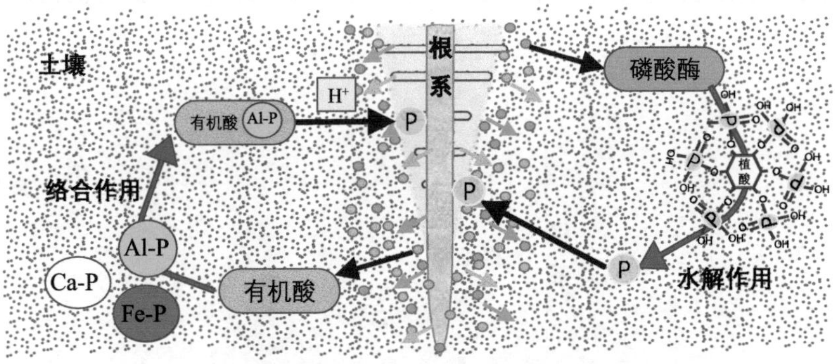

图 5-14　磷在土壤中的转化

植物通过释放根系分泌物，如有机酸、质子或是磷酸酶等影响土壤磷的有效性，提高植物的磷吸收效率。有机酸阴离子通过络合作用与土壤中的难溶性无机磷结合成多聚体，将磷酸盐移动到根系表面，依靠根系分泌的 H^+ 和还原物质的还原降解后，磷以磷酸根形式被植物吸收利用。在低磷胁迫下，一些酸性磷酸酶可以使复杂的有机磷化合物水解成植物可以利用的磷酸盐。

在缺磷条件下许多植物根系分泌的有机酸会增加，这些有机酸主要是一些低分子量的有机酸。不同有机酸活化磷酸盐的能力不同。在已检出的有机酸中，柠檬酸活化土壤磷的能力最强，其次是草酸、苹果酸和酒石酸，乙酸、琥珀酸和乳酸的能力最差。而在同一酸度下，有机酸活化的磷以铝磷（Al-P）为最多，铁磷（Fe-P）和钙磷（Ca-P）次之，闭蓄态磷（O-P）最少。油菜、番茄、鹰嘴豆在缺磷环境下植物根系能够分泌氢离子使根际环境酸化，同时降低周围土壤 pH 值，以此来活化难溶性磷，满足植物生长发育的需要。白羽扇豆的根系在缺磷条件下形成大量排根，分泌大量柠檬酸，可以活化土壤中的 Fe-P、Ca-P 等难溶性的磷，从而提高土壤中磷的可利用性。

磷酸酶是水解酶类，种类很多，其水解活性可以帮助作物将难以被植物吸收利用的有机磷以无机磷的形式释放出来，从而提高植物对土壤有机磷的分解利用及植株体内有机磷的再利用能力。对苜蓿的研究则表明酸性磷酸酶能有效水解植酸，释放出可溶性磷，促进植物生长。

在土壤中，还存在许多细菌、放线菌和霉菌等含有植酸酶和磷酸酶，它们也能够将含磷的有机物分解（异化作用），产生的无机磷化物被植物吸收利用。

5.3.2.2　丛枝菌根真菌促进植物对磷的吸收

在自然环境下，植物获取磷的更有效途径是和真菌共生（一种菌根）（图 5-15）。真菌侵入根表皮，与根细胞直接接触。分布在根内的菌丝经过连续的分枝成为丛枝结构，与植物进行物质交换。根外菌丝穿过土壤缝隙,延伸到离根表十几厘米的区域。根外菌丝能达到根系不能到达的空间吸收磷并转运到根系,供植物生长利用,提高植物根际土壤可用磷的量。

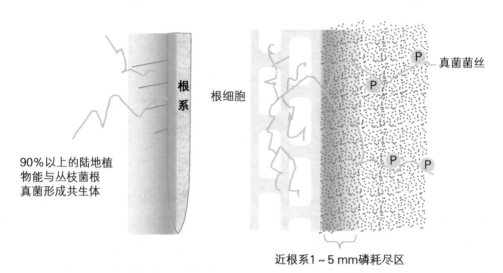

90%以上的陆地植物能与丛枝菌根真菌形成共生体

根系

根细胞

真菌菌丝

近根系1~5 mm磷耗尽区

图 5-15 菌根真菌与高等植物根系形成的互惠共生体

【知识扩展】共生现象——菌根

自然界中普遍存在着一种由土壤中的菌根真菌与高等植物根系形成的互惠共生体。真菌的一端侵入植物根系,另一端延伸在土壤中。因此严格意义上讲,植物根系不再是单纯的根系本身,而是与真菌的复合体——菌根。

植物可从这种共生关系中获益是因为:真菌菌丝细长柔软,而且菌丝生长速度快,可以深入到比植物的根更广的土壤中,并从这些土壤中吸收更多养分提供给植物,大大增强植物对氮、磷、锌、铜等元素和水分的吸收能力,提高植物的抗旱性等,使植物在贫瘠土壤中顽强地生活;同时,真菌菌丝可以吸收土壤中的大分子有机物并将其降解成植物可以利用的小分子物质。真菌从这种关系中获益是因为:其可以从植物光合作用中获取养料,可能是蔗糖。

据统计,自然界中97%的植物都具有菌根,丛枝菌根真菌是自然生态系统中广泛分布的土壤真菌,能够与90%以上的陆地植物形成互惠共生体,帮助植物适应多种逆境胁迫,影响植物的种间关系和植物群落的物种多样性。

接种丛枝菌根真菌、实行轮作、合理施肥、免耕、覆盖、增加植物多样性等措施,可以增加丛枝菌根真菌的数量,提升植物的磷利用率,增强植物抗性;同时,丛枝菌根真菌作为土壤有益菌,还可能通过改变根系分泌物的组成来影响根际微生物的分布,提高植物对病原菌的抗性。

因此，丛枝菌根真菌群落不但可以表征土壤质量和健康，还可以敏锐地反映土壤生态系统的变化。对维系生态系统结构和功能的稳定性具有重要意义。但植物会根据环境的变化，选择性地放弃某些丛枝菌根真菌伙伴，将光合产物分配给其他微生物，以促进土壤肥力的可持续发展。

5.3.2.3　优化根系结构增加对磷的吸收

为了适应环境中磷的变化，植物形成了一系列的自我调节能力来维持体内外磷的平衡。当外界磷供给量较低时，植物通过增强根系的生长（尤其是侧根的生长）、增加根毛的数量（根毛变细、变长）、增加单位重量根的长度或者减小根的半径，使根系在土壤中的空间分布发生变化，有的植物甚至形成排根。这样植物可以扩大根系吸收表面积，增加可吸收磷养分的土壤范围，获取更多养分。再加上根半径减小可以使根所吸收的磷实现更短距离运输，更快到达目的地。植物的根系以此来应对外界养分的缺乏，特别是来实现对土壤中磷的最大利用率，满足植物生长所需要的磷。这种适应机制对于植物根系获取养分极为重要。

5.4　钾的吸收和循环

钾离子是大量存在于植物细胞中的重要无机单价阳离子。从干重角度来看，钾能够占到植物整株干重的 10% 左右，远远高于任何其他无机阳离子。

植物主要依靠根部吸收钾，吸收的主要形态是 K^+。植物对 K^+ 的吸收分为主动吸收与被动吸收两种形式。当介质中的 K^+ 浓度比较高时，植物对 K^+ 的吸收主要为被动吸收，被动吸收过程是 K^+ 顺着电化学势梯度进入植物体内；当介质中 K^+ 的浓度较低时，植物主要通过 K^+ 转运蛋白吸收外界的 K^+，这一过程需要消耗能量，称为主动吸收。植物根细胞对 K^+ 的吸收速率也受到植物组织内 K^+ 含量的调节。当介质溶液中 K^+ 的浓度增加时，根细胞对 K^+ 的吸收速率也会增加，但如果达到某个极限后，尽管外部 K^+ 的浓度有很大的变化，K^+ 吸收速率的相应变化也很小。

植物体中 K^+ 长途运输的主要方式有两种，分别是木质部与韧皮部。植物的根系从土壤溶液中吸收 K^+，然后通过木质部向地上部运输；韧皮部的筛管中较高浓度的 K^+ 随着光合同化物的运输流而流动，能够向上运输到生长的顶端或者幼果，同时也能够向下运输到根部或者贮藏器官中。

钾在植物体内是动态的，在根、茎、叶等不同部位之间持续进行长距离的循环运动（图 5-16）。

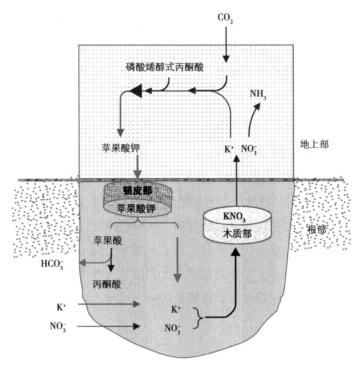

图 5-16　植物体内钾的循环模式

　　根吸收的 K^+ 在木质部中作为 NO_3^- 的陪伴离子向地上部运输，到达地上部后 NO_3^- 被还原成 NH_3，为维持电性平衡，地上部必须合成有机酸（主要是苹果酸），以便与 K^+ 形成有机酸盐，使阴阳离子达到平衡。钾作为有机酸（苹果酸）的陪伴离子一起再由韧皮部运往根部。在根中苹果酸可作为碳源构成根的结构物质，或在脱羧作用下产生 HCO_3^- 分泌到根外。根中的 K^+ 可再次陪伴所吸收的 NO_3^- 向上运输，如此循环往复。

　　有研究表明，参加体内往复循环的钾可占到地上部总钾量的 20% 以上。钾在植物体内，具有很强的移动性，不参与形成稳定的化合物，并且随着生长中心的转移而转移。钾在植物体内可以被反复利用。钾的循环对体内电性的平衡和节省能量起着重要的作用，例如维持阴阳离子的平衡、给植株的地下部提供营养、给木质部导管以及韧皮部筛管中汁液的流动提供驱动力、同时能够将地上部钾营养状况的信号传递给地下的根部，调控根部对 K^+ 的吸收等。

　　植物根系吸收的矿质营养经木质部运输到地上部以后，一部分又从地上部通过韧皮部流回到根中，而后再转入木质部继续向上运输，从而形成自根至地上部之间的循环流动，即使在矿质元素供应充足时也会发生这种现象，这一过程称为矿质元素循环。植物体内的养分循环以氮和钾最为典型。

5.5 硫的吸收和同化

虽然高等植物的地上部可以吸收和利用大气中的 SO_2，但对植物最重要的硫源仍是靠植物根系吸收的硫酸根（SO_4^{2-}）。

5.5.1 硫的同化

硫的同化在许多方面类似于硝态氮，与硝态氮不同的是，硫酸盐不经还原也能被利用并结合在重要的有机结构中，如膜中硫酸酯或多糖如琼脂；在高等植物中，还原态硫能重新被氧化，而氮却不能。在这一氧化反应中，半胱氨酸中的还原态硫转化为硫酸盐，它是硫在植物体内最安全的贮存方式（图 5-17）。还原态硫化物的氧化作为硫还原的负反馈信号也具有重要作用。

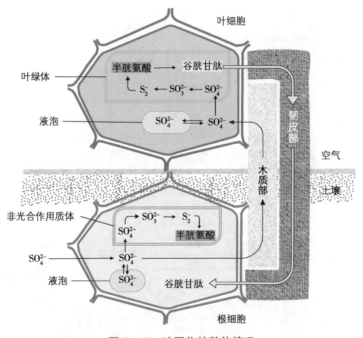

图 5-17 硫同化的整体情况

从土壤中吸收的硫（SO_4^{2-}）主要通过木质部被转运到叶片中，在叶绿体中被同化，也可能在非光合作用的根中被同化。在非光合作用质体中，硫（SO_4^{2-}）被还原为亚硫酸盐，然后在被同化成半胱氨酸之前变成硫化物。这是细胞中许多含硫复合物合成的起点。同化的硫通常以谷胱甘肽的形式从叶片（同化发生的主要部位）转运至植物体其他部位。

植物体内的硫无机盐主要贮存在液泡中，有机硫化合物存在于植物体的各器官内。有机态硫是组成蛋白质的必需成分。一般情况下，植物体内含硫氨基酸中的硫约占植物全硫量的 90%，多余时才以 SO_4^{2-} 形态贮存在液泡中。

5.5.2　硫的循环

　　自然界中能够被植物吸收利用的硫主要有 3 个来源：土壤有机质、土壤矿物和大气中的含硫气体。在自然生态系统中，植物从土壤中吸收的硫最终仍将会回到土壤中去。

　　硫的循环过程与氮元素的循环过程有着很大的相似性。除了少数干旱地区土壤，几乎在所有土壤表层，硫的主要存在形式都是有机形态。然而，在土壤底层则以各类无机形态硫为主。硫的氧化还原反应主要受土壤微生物调控。施用的无机态硫肥常被微生物同化固定为有机态硫。土壤中的有机态硫或还原态硫化物需经矿化或氧化为 SO_4^{2-} 才能被植物吸收利用。图 5-18 显示了硫在土壤中的主要转化过程。内部的循环包括了硫的 4 种主要形态之间的联系：硫化物、硫酸盐、有机硫、单质硫。外部的循环则显示了硫最重要的来源以及硫如何从系统中损失。

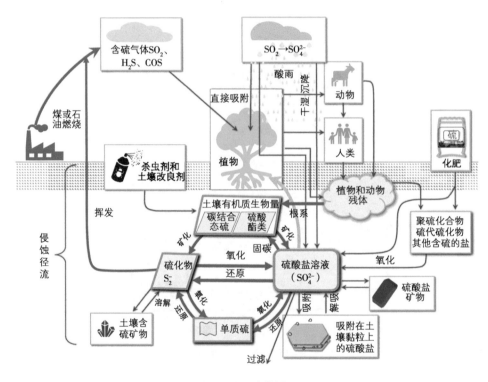

图 5-18　硫的循环

5.6　阳离子的同化

　　植物细胞吸收的阳离子通过非共价键与有机化合物结合形成复合体。植物可以同化大中量营养元素的阳离子，如钾、镁和钙，并以相同的方式同化微量元素的阳离子，如铜、铁、锰、钴、钠和锌。

阳离子和碳化合物形成的非共价键有两种类型：配位键和静电键。在配位化合物的形成过程中，碳化合物的几个氧或氮原子提供共用电子对与阳离子形成共用键，从而中和掉阳离子的正电荷。

5.6.1　配位键

多价阳离子和碳化合物形成的键是典型的配位键,如铜－酒石酸复合物和镁－叶绿素 a 复合物（图 5-19）。可作为配位化合物而被同化的营养元素包括铜、锌、铁和镁。钙也可以和组成细胞壁的多聚半乳糖醛酸形成配位化合物。

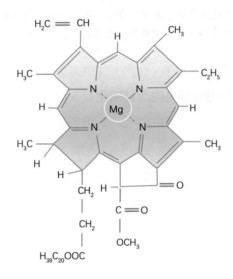

图 5-19　Mg–叶绿素 a 复合物

5.6.2　静电键

静电键是由于带正电荷的阳离子与带负电荷的基团之间相互作用而形成的，如碳化合物中的羧基（—COO^-）。与配位键中情形不同的是，静电键中的阳离子保留着它的正电荷。单价阳离子，如钾（K^+），可以和许多有机酸中的羧基形成静电键（图 5-20）。然而，多数植物细胞吸收的及用作渗透调节和酶激活剂的 K^+ 仍在胞质和液泡中以游离态存在。二价阳离子（如钙）可以和果胶酸盐及多聚半乳糖醛酸的羧基形成静电键。

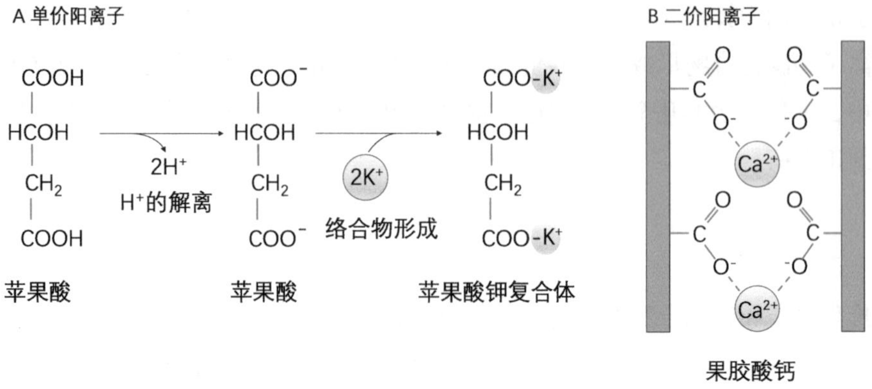

图 5-20　静电键（离子键）化合物实例

注：A. 单价阳离子 K^+ 和苹果酸形成苹果酸钾复合体。B. 二价阳离子 Ca^{2+} 和果胶酸形成果胶酸钙复合物。二价阳离子可以和含有负电荷羧基的平行链形成交叉连接。钙的交叉连接形成细胞壁的骨架成分。

总之，如镁离子（Mg^{2+}）和钙离子（Ca^{2+}）等阳离子可通过和氨基酸、磷脂，以及其他一些带负电的分子形成配位键或静电键而被同化。

第二部分

肥 料

第6章

肥料的来源与分类

肥料是人们用以调节植物营养与培土改土的主要物质，有"植物的粮食"之称。施肥是增产的重要措施，只有满足作物对营养的需求才能获得作物的优质、丰收。施用肥料不仅是高产量的保证，同时在一定程度上也决定着产品的品质及生态环境质量。为此，科学合理地施用肥料仍是当前我国高产、优质、高效、无污染持续农业中必不可少的生产措施。

6.1 肥料的来源

肥料的来源一般可分为两大类。

一类是人们为了满足农作物生长发育的需要而专门生产的化学物质。虽然原料来源不同，制造加工的方法各异，但原料都属于人类生存环境中的资源，例如，人们从大气中获取氮气，用高温、高压、催化的化学方法生产合成氨作为氮素肥料；从开采的岩层矿物中，用高温或化学溶解的方法生产含磷、钾等大量元素或中量微量元素的肥料。这些采用化学方法制造或加工的肥料一般统称为化学肥料。

另一类是人类生活与生产过程中自然产生的物质，往往被称为废弃物。按现代科学的观点来认识，这些也是资源，是一种能够被人类利用、但尚未能充分利用的物质资源。这类物质每时每刻都在产生，且随人类社会现代化程度的提高而不断增多。这类物质含有作物生长发育所需的、能直接被利用或暂不能被直接利用的营养成分，同时也可能含有对生物有害的成分。按性质这类物质又可分为两大类：即生物性废弃物与工业性废弃物，其各自的特点有所不同。生物性废弃物主要包括粪便、垃圾、秸秆残茬，甚至包括一部分农副产品加工的下脚料。工业性废弃物主要是工矿企业生产过程中产生的三废：废气、废水和废渣。

生物性废弃物往往只含有少量对生物有害的成分，易于利用，一般统称为有机肥料。在农业生产过程中产生的生物性废弃物，包括商品有机肥料和农家肥。

6.2 肥料的分类

肥料的种类繁多，分类的方法也没有严格规范和统一的分类与命名。现将长期习惯的分类方法与命名做简要介绍（图6-1）。

（1）按肥料来源与组分的主要性质 可分为化学肥料、有机肥料、生物肥料和绿肥。

（2）按所含营养元素成分 可分为氮肥、磷肥、钾肥、镁肥、硼肥、锌肥和钼肥等。有时将这些肥料按植物需要量分为大量营养元素、中量营养元素和微量营养元素肥料。

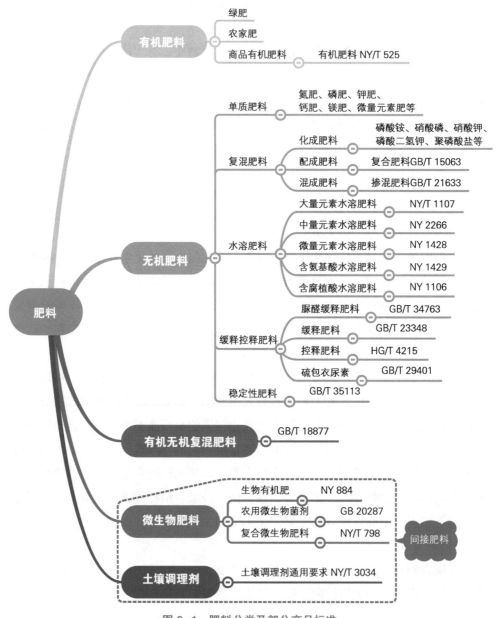

图6-1 肥料分类及部分产品标准

（3）按营养成分种类多少　可分为单质肥料、复合肥料、掺混肥料。

（4）按肥料状态　可分为固体肥料（包括粒状和粉状肥料）与液体肥料（包括水溶液和悬浮液）。

（5）按肥料中养分的有效性或供应速率　可分为速效肥料、缓效肥料、长效肥料和缓释控释肥料。

（6）按肥料中养分的形态或溶解性　可分为铵态氮肥、硝态氮肥、酰胺态氮肥等，或水溶性肥料、弱酸溶性肥料和难溶性肥料。

（7）按积攒方法　可分为堆肥、沤肥和沼气肥等。

第7章

有机肥料

我国农业劳动人民积制和使用有机肥料有着悠久的历史和丰富的经验（图7-1）。在中国农业生产的漫长历史中，靠有机肥料改良土壤，培肥地力，生产粮食，养育了我们中华民族的祖祖辈辈，可见有机肥料在农业生产中起着极为重要的作用。这一点在国际上至今仍享有很高的声誉。

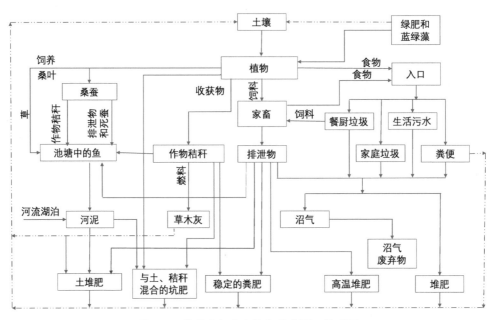

图7-1 传统有机废弃物和养分循环模式图

中华人民共和国成立以后，中国化肥工业得到发展，化肥施用逐年增加。在20世纪50—60年代，有机肥在农业生产中仍起主导地位，肥料施用上仍以有机肥料为主，化肥为辅。1965年，有机肥占肥料投入总量的80.7%。在20世纪70年代，中国化肥发展很快，在1971—1980年的10年间，产量由299.4万t（养分）增加到1232.1万t。有机肥料的比重下降，占肥料总投入量的66.4%。之后随着化肥工业的快速发展，有机肥在我国农业生产中的占比日趋减小。

据估计，自中华人民共和国成立以来有机肥料基本上每 6~7 年下降约 10%，有不少地区向着"施肥无机化"方向发展。然而近年来，一方面出现了土壤有机质含量下降、土壤结构破坏等现象，另一方面畜禽养殖规模化，粪便处理不当，再加上城市垃圾与污水处理厂产生的污泥，都导致可用资源浪费与环境污染，人们对有机肥的关注也随之不断升温，有机肥产业可以说迎来前所未有的发展机遇期。

7.1　有机肥料概念

我国地域辽阔，人口众多，有机肥料资源十分丰富。在广大种植户群体中对有机肥料的表述大致有以下 2 种。

（1）广义上的有机肥料　含有机质，既能为农作物提供各种有机、无机养分，又能培肥土壤的一类肥料。

（2）狭义上的有机肥料　农村利用各种有机物质就地积制或直接耕埋施用的一类自然肥料，俗称农家肥。农家肥，以各种动物、植物残体或代谢物组成，如人畜粪便、秸秆、动物残体等；另外还包括饼肥（菜籽饼、豆饼、芝麻饼、蓖麻饼、茶籽饼等）、堆肥、沤肥、厩肥、沼肥等。

随着有机肥行业的利好政策不断出台，人们对有机肥的关注也不断升温，商品有机肥料销售从 2008 年开始呈现爆发式增长。

根据国家有关标准（NY/T 525—2021）的定义，有机肥料，是指主要来源于植物和（或）动物，经过发酵腐熟的含碳有机物料，其功能是改善土壤肥力、提供植物营养、提高作物品质（图 7-2）。

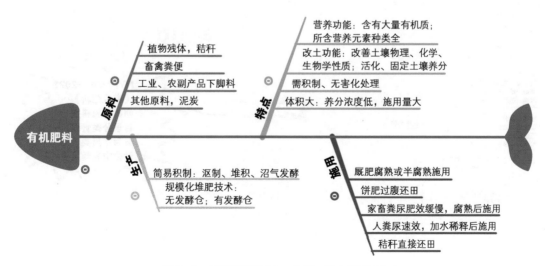

图 7-2　有机肥料原料、生产、施用及特点

7.2 有机肥料原料

商品有机肥料的生产原料很多（图7-3），具体可以分为以下几类。

（1）作物秸秆及其他植物残体 包括麦秸、稻壳、玉米秸秆、玉米芯、树叶、树枝、水稻秸秆等。

（2）畜禽粪便 包括鸡粪、牛粪、羊粪、马粪、兔粪、蚕砂、猪粪及垫脚料等。

（3）农副产品加工下脚料 包括菜籽粕、蓖麻粕、豆饼、豆粕、醋糟、酒糟、茶渣、糠醛废渣、味精粕、中药渣、食用菌培料、甘蔗渣等。

（4）生活垃圾 包括餐厨垃圾等。

（5）其他原料 包括污泥、泥炭土、风化煤、草木灰、海藻类等。

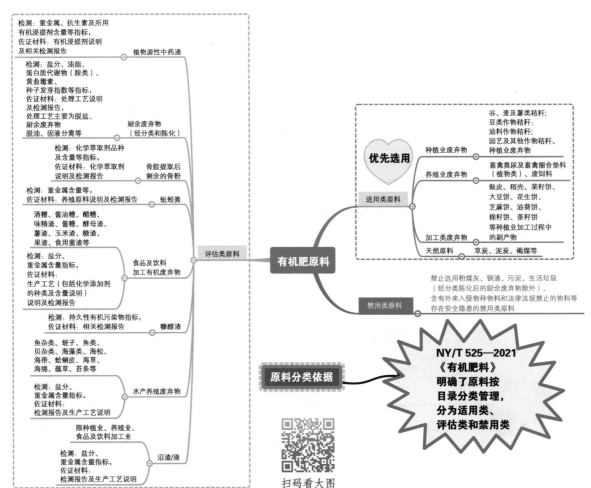

图 7-3　商品有机肥生产原料适用分类及评估指标

商品有机肥与农家肥相比，区别重点在于"腐熟"和"无害"，且有机无机养分配比可调节、更合理。《有机肥料》（NY/T 525—2021）中有机质要求不低于30%，现在市售商品有机肥中有的有机质含量可达 70%，甚至更高。合格的商品有机肥除符合表 7-1 中的指标要求外，还应符合标准 NY/T 525—2021 中规定的限量指标要求。

表 7-1 有机肥料的技术指标要求

项目	指标
有机质的质量分数（以烘干基计）/%	≥ 30
总养分（N+P$_2$O$_5$+K$_2$O）的质量分数（以烘干基计）/%	≥ 4.0
水分（鲜样）的质量分数 /%	≤ 30
酸碱度（pH 值）	5.5~8.5
种子发芽指数（GI）/%	≥ 70
机械杂质的质量分数 /%	≤ 0.5

7.3　快速判断有机肥料的优劣

　　有机肥料是用畜禽粪便、植物残体、农副产品下脚料等有机废弃物质加工而成的，其质量优劣可通过"看、闻、握、泡"来快速判断（图 7-4）。该方法简单，可以作为有机肥料质量优劣判断的一个辅助手段。

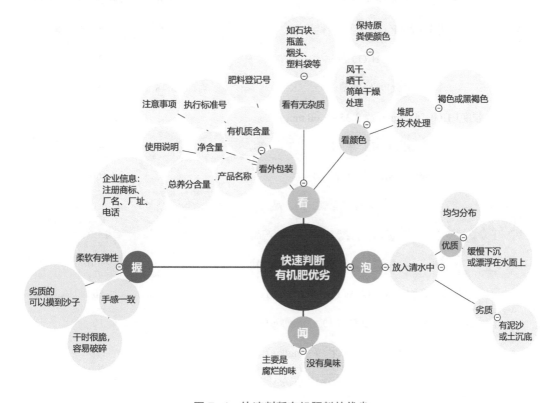

图 7-4　快速判断有机肥料的优劣

第8章

有机无机复混肥料

有机无机复混肥料是指含有一定量有机肥料的复混肥料，包括有机无机掺混肥料。

国家标准 GB/T 18877—2020 中规定了有机无机复混肥料的技术指标应符合表 8-1 要求，并应符合标明值。

表 8-1　有机无机复混肥料的技术指标要求

项目		指标		
		Ⅰ型	Ⅱ型	Ⅲ型
有机质含量 /%		≥ 20	≥ 15	≥ 10
总养分（N+P$_2$O$_5$+K$_2$O）含量[a] /%		≥ 15.0	≥ 25.0	≥ 35.0
水分（H$_2$O）[b] /%		≤ 12.0	≤ 12.0	≤ 10.0
酸碱度（pH 值）		5.5~8.5	5.0~8.5	
粒度（1.00~4.75 mm 或 3.35~5.60 mm）[c] /%		≥ 70		
蛔虫卵死亡率 /%		≥ 95		
粪大肠菌群数 /（个 /g）		≤ 100		
氯离子[d] /%	未标"含氯"的产品	≤ 3.0		
	标识"含氯（低氯）"的产品	≤ 15.0		
	标识"含氯（中氯）"的产品	≤ 30.0		
砷及其化合物含量（以 As 计）/（mg/kg）		≤ 50		
镉及其化合物含量（以 Cd 计）/（mg/kg）		≤ 10		
铅及其化合物含量（以 Pb 计）/（mg/kg）		≤ 150		
铬及其化合物含量（以 Cr 计）/（mg/kg）		≤ 500		

（续表）

项目	指标		
	Ⅰ 型	Ⅱ 型	Ⅲ 型
汞及其化合物含量（以 Hg 计）/（mg/kg）	≤ 5		
钠离子含量 /%	≤ 3.0		
缩二脲含量 /%	≤ 0.8		

注：a 标明的单一养分含量不应小于3.0%，且单一养分测定值与标明值负偏差的绝对值不应大于1.5%。

b 水分以出厂检验数据为准。

c 指出厂检验数据，当用户对粒度有特殊要求时，可由供需双方协议确定。

d 氯离子的质量分数大于30.0%的产品，应在包装容器上标明"含氯（高氯）"；标识"含氯（高氯）"的产品氯离子的质量分数不做检验和判定。

第9章

农用微生物产品

农用微生物产品是指在农业上应用的含有目标微生物的一类活体制品。其主要指标是制品中的目标微生物的活菌含量，且表现出其特定的功效。农用微生物产品包括微生物菌剂和微生物肥料两大类。

9.1 农用微生物产品登记及分类

国家在1996年将微生物肥料纳入国家检验登记管理范畴，对微生物肥料的生产、销售、应用、宣传等方面进行监督管理。2001—2020年，20年间取得正式登记证的产品共有8 138个；2011—2020年，10年间取得正式登记证的共有7 908个。其中，2018年取得正式登记证的数量突增（图9-1），获得登记证的数量占到20年间总数量的46.6%。

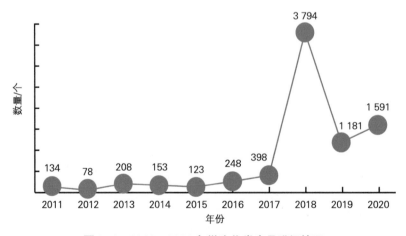

图9-1 2011—2020年微生物类产品登记情况

按农用微生物产品登记的通用名称进行分类，共分为11类，分别是微生物菌剂、生物有机肥、复合微生物肥料、土壤修复菌剂、根瘤菌菌剂、光合细菌菌剂、微生物浓缩制剂、内生菌根菌剂、有机物料腐熟剂、大豆根瘤菌和生物修复菌剂（图9-2）。其中，通用名称为"大豆根瘤菌"无对应登记产品；通用名称为"生物修复菌剂"只有1个对应产品，且为 2006 年登记产品，于 2021 年 11 月到期。而微生物菌剂、生物有机肥、复合微生物肥料三大种类产品登记数量占到全部微生物类产品的 95%（图 9-3）。

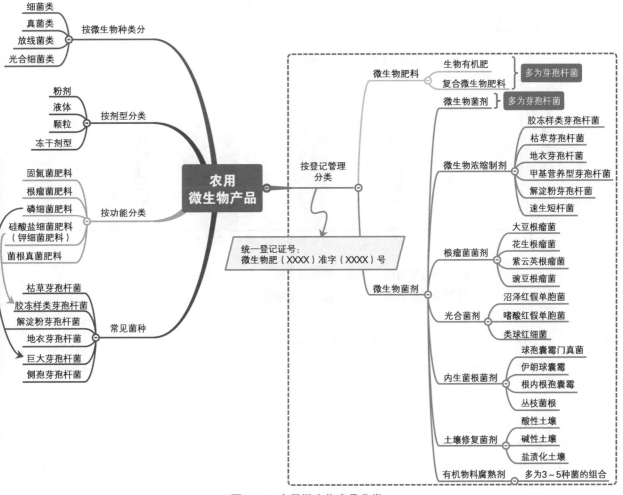

图 9-2 农用微生物产品分类

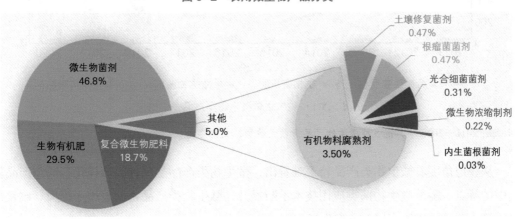

图 9-3 2011—2020 年微生物类产品登记数量占比

进一步分析近 10 年来微生物类登记的产品了解到，微生物浓缩制剂、土壤修复菌剂成为 2018 年来登记新品种。至 2020 年，微生物浓缩制剂登记产品数量 18 个，土壤修复菌剂 38 个（23 个适用于酸性土壤，11 个适用于碱性 / 盐碱土壤，4 个适用于盐渍化 / 次生盐渍化土壤）（图 9-4）。

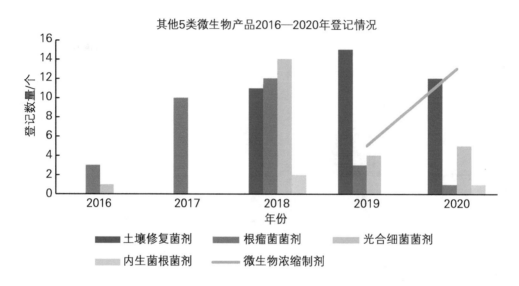

图 9-4　2011—2020 年微生物类产品登记情况

注：2011—2015 年其他 5 类微生物产品多数无数据，故忽略。

从登记角度看微生物类产品，不难看出，微生物类产品呈现种类多样化、同类产品较集中的特点。随着微生物菌类应用技术不断提升，微生物类产品正朝着增产提质、改良修复土壤（尤其是酸性土壤）方向发展。

9.2　生物有机肥料

生物有机肥料是指特定功能微生物与主要以动植物残体（如畜禽粪便、农作物秸秆等）为来源并经无害化处理、腐熟的有机物料复合而成的一类兼具微生物肥料和有机肥料效应的肥料（NY 884—2012），其主要技术指标见表 9-1。

表 9-1　生物有机肥产品技术指标要求

项目	技术指标
有效活菌数（CFU）/（亿/g）	≥ 0.20
有机质（以干基计）/%	≥ 40.0
水分/%	≤ 30.0
pH 值	5.5~8.5
粪大肠菌群数/（个/g）	≤ 100
蛔虫卵死亡率/%	≥ 95
有效期/月	≥ 6

生物有机肥产生作用的关键因素是"活的+具有特殊功能的+微生物菌种"，生物有机肥是我国新型肥料产品之一，近来以其特有的效果得到认可。

生物有机肥的有效活菌看不见摸不着，从产品外观上看与普通有机肥料无异，如何鉴别真伪呢？

9.2.1　看外包装是否规范

（1）产品登记证　标明有效的肥料登记证证号。由于生物有机肥是一种具有特殊功能的肥料，由农业农村部颁发肥料登记证，省级部门无登记权。

正确标法："微生物肥（年号）准字（编号）号"，如微生物肥（2021）准字（10573）号，一般有效期 5 年。其中：年号为 2001—2005 的共有 11 个产品有效期为 20 年；年号为 2006—2010 的共有 29 个产品有效期为 15 年；年号为 2011—2015 的共有 29 个产品有效期为 15 年；2016 年之后的产品登记证有效期为 5 年。登记证号可以到农业农村部种植业管理司网站进行查询（图 9-5）。查询时可输入企业名称或登记证号进行查询，亦可叠加选择产品通用名称进行查询。

图 9-5　农业农村部种植业管理司查询网站（截图）

（2）产品技术指标　应标注产品登记证中主要技术指标：有效功能菌的种名，如解淀粉芽孢杆菌、短小芽孢杆菌等；有效活菌数量，单位为亿/克（mL）或亿/g（mL），如有效活菌数 ≥ 0.2 亿/克；有机质含量，如有机质 ≥ 40%（图 9-6）。

图 9-6　一个典型的生物有机肥料包装正面产品主要指标信息

一个合格产品标识的指标信息从外包装上判断应不低于相应标准规定的主要指标。

（3）产品有效期 NY 884—2012 标准规定大于 6 个月。用"保质期 个月（或若干天、年）"表示。在有效期内必须要达到标识指标数值。随着生物有机肥产品的保存时间延长，有效活菌数会不断下降。目前国内生产的含微生物的肥料有效菌存活时间超过一年的不多，对于有效期标注太长的产品应谨慎选择。

（4）产品必须标识的其他信息 如载体（原料）；产品适用范围；执行标准编号（生物有机肥 NY 884—2012）；生产者或经销者名称、地址；产品功效（作用）及使用说明；产品质量检验合格证明；净含量；产品贮存条件和贮存方法；生产日期或生产批号；警示标志、警示说明。

（5）产品名称与登记证名称和产品执行标准名称是否一致 如生物有机肥产品包装上应标有"NY 884—2012 生物有机肥"标准字样。生物有机肥和普通有机肥料的产品执行标准不同，前者是 NY 884—2012，后者是 NY/T 525—2021，种植户在购买时容易混淆。

对于经销商来说，还可以从产品检验报告书反映的信息推断生物有机肥的真伪。

首先是查看该批产品检验报告上产品名称、检验依据、技术指标等与包装标识指标是否一致，建议查看"监督检验"报告，比"委托检验"或者是生产企业自己出具的检验报告更具说服力。

9.2.2 看产品是否均匀

生物有机肥料含水量太高或太低都不利于菌种的存活。抓一把肥料在阳光下观察是否阴潮，抛起来看看是否扬灰尘。肥料潮湿呈团状，或者干燥呈灰状都是不合格产品。

生物有机肥料中添加的载体应该是由多种有机营养物质组成的，在光线下能看到原料的痕迹，部分原料有特殊气味。

9.2.3 看产品是否有效

生物有机肥料的关键作用是通过具有特殊功能的微生物菌种实现的，简单的鉴别方法：第一步，取少量产品加一点自来水调成面团状，放进冰箱冻成冰块；第二天拿出来融化，这样反复 3 次冻融，肥料中的菌种会被冻死或数量大幅减少，通过菌种所起的作用就基本消除了。第二步，将原产品与反复冻融过的肥料在相同的田块或小盆钵中进行对比试验，定期观察比较两者的差异，如果差异不明显，则说明该生物有机肥产品中的"特殊功能菌种"的能力不强或者数量不够，甚至没有。

9.3 复合微生物肥料

复合微生物肥料是指特定微生物与营养物质复合而成，能提供、保持或改善植物营养，提高农产品产量或改善农产品品质的活体微生物制品（NY/T 798—2015）。

在长期应用微生物肥料的实践中人们认识到，单独施用微生物肥料满足不了作物对营养元素的需要，微生物增产效果是有限的。因此，复合微生物肥料成为人们关注的一种新型肥料。

9.3.1 复合微生物肥料常见类型

这里所说的复合是指两种或者两种以上的微生物或一种微生物与其他营养物质复配而成。市场上出现的复合微生物肥料品种繁多，常见的类型可分为两种。

（1）菌+菌的复合微生物肥料 菌+菌的复合微生物肥料是由2种或2种以上微生物复合而成的。它们可以是同一个微生物菌种的复合，也可以是不同的微生物菌种，如固氮微生物、解磷微生物和解钾微生物分别发酵，吸附时混合，以增强微生物肥料功效。

（2）菌+各种营养元素或添加物、增效剂的复合微生物肥料 采用的复合方式有：菌加大量元素，即菌和一定量的氮、磷、钾或其中的1~2种复合；菌加一定量的微量元素；菌加一定量的稀土元素；菌加一定量的植物生长调节剂。其产品应符合NY/T 798—2015规定的指标要求（表9-2）。

表9-2 复合微生物肥料产品技术指标

项目	剂 型	
	液体	固体
有效活菌数（CFU）[a]/（亿/g或亿/mL）	≥ 0.50	≥ 0.20
总养分（N+P$_2$O$_5$+K$_2$O）[b]/%	6.0~20.0	8.0~25.0
有机质（以烘干基计）/%	—	≥ 20.0
杂菌率/%	≤ 15.0	≤ 30.0
水分/%	—	≤ 30.0
pH 值	5.5~8.5	5.5~8.5
有效期[c]/月	≥ 3	≥ 6

注：a 含两种以上微生物的复合微生物肥料，每一种有效菌的数量不得少于0.01亿/g（mL）。

b 总养分应为规定范围内的某一确定值，其测定值与标明值正负偏差的绝对值不应大于2.0%；各单一养分值应不少于总养分含量的15.0%。

c 此项仅在监督部门或仲裁双方认为有必要时才检测。

9.3.2 复合微生物肥料产品登记情况

复合微生物肥料自2001至2020年，20年共有1 517个产品获得肥料（正式）登记证，2011—2020年，10年间共登记1 477个产品，占复合微生物肥料产品登记数量的

97%，登记品种有效菌数量从 1 种到 5 种不等（图 9-7）。

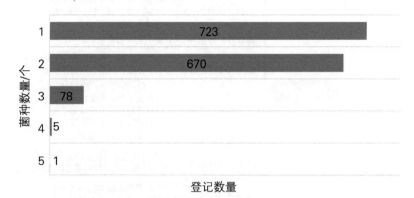

图 9-7　复合微生物产品中含有菌种数量登记情况

　　通过图 9-7 可以明显看出，登记产品中大多数含有 1 种或 2 种有效菌。其中含有 1 种有效菌的产品共 723 个，含有 2 种有效菌的产品共 670 个，其余产品共 84 个。

　　自 2000 年以来，登记的复合微生物肥料有效菌种数量有 45 种，仅 2018 年就新增加了 15 种菌。从图 9-8 中可以发现，目前复合微生物肥料菌种添加主要是枯草芽孢杆菌。单菌种产品中枯草芽孢杆菌登记数量最多，双菌种产品中，枯草芽孢杆菌、胶冻样类芽孢杆菌的组合产品数量最多（图 9-8）。

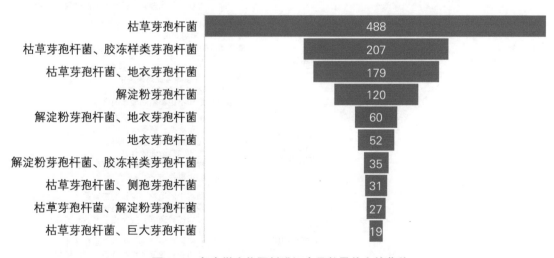

图 9-8　复合微生物肥料登记产品数量前十的菌种

　　那么在众多功能菌中，为什么只有枯草芽孢杆菌用得这么普遍？其他功能菌又有什么作用？我们知道，微生物肥料与化肥、有机肥不同，它不是通过直接提供养分给植物来体现肥效的，而是通过微生物肥料中活的微生物的生命代谢活动来获得特定的肥效，不同种类的微生物肥料，对植物所发挥的肥效作用也不同（图 9-9）。

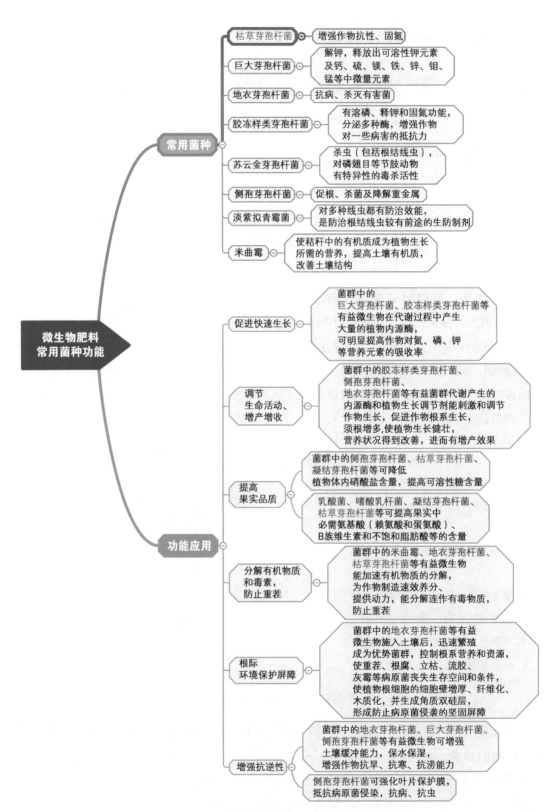

图 9-9　微生物肥料常用功能菌的功能

枯草芽孢杆菌应用较多的原因：生长和繁殖速度特别快，所需要的营养成分非常简单，在植物的表面也可以存活，适应性很强，同时制作工艺比较简单，并且贮存时间相对较长。

9.4　农用微生物菌剂

9.4.1　定义

《农用微生物菌剂》（GB 20287—2006）指出：目标微生物（有效菌）经过工业化生产扩繁后加工制成的活菌制剂。它具有直接或间接改良土壤、恢复地力，维持根际微生物区系平衡，降解有毒、有害物质等作用；应用于农业生产，通过其中所含微生物的生命活动，增加植物养分的供应量或促进植物生长、改善农产品品质及农业生态环境。

9.4.2　产品分类

按内含的微生物种类或功能特性分为根瘤菌菌剂、固氮菌菌剂、解磷类微生物菌剂、硅酸盐微生物菌剂、光合细菌菌剂、有机物料腐熟剂、促生菌剂、菌根菌剂、生物修复菌剂。产品按剂型分为液体型、粉剂型、颗粒型。

农用微生物菌剂产品的技术指标见表 9-3，其中有机物料腐熟剂产品的技术指标按表 9-4 执行，同时应符合标准 GB 20287 — 2006 中规定的限量指标要求。

表 9-3　农用微生物菌剂产品的技术指标

项目	剂型		
	液体型	粉剂型	颗粒型
有效活菌数（CFU）[a]/（亿/g 或亿/mL）	≥ 2.0	≥ 2.0	≥ 1.0
霉菌杂菌数/（个/g 或个/mL）	≤ 3.0×10^6	≤ 3.0×10^6	≤ 3.0×10^6
杂菌率/%	≤ 10.0	≤ 20.0	≤ 30.0
水分/%	—	≤ 35.0	≤ 20.0
细度/%	—	≥ 80	≥ 80
pH 值	5.0~8.0	5.5~8.5	5.5~8.5
保质期[b]/月	≥ 3	≥ 6	≥ 6

注：a 复合菌剂，每一种有效菌的数量不得少于0.01亿/g或0.01亿/mL；以单一的胶质芽孢杆菌（*Bacillus mucilaginosus*）制成的粉剂产品中有效活菌数不少于1.2亿/g。

　　b 此项仅在监督部门或仲裁双方认为有必要时检测。

表 9–4　有机物料腐熟剂产品的技术指标

项目	剂型		
	液体型	粉剂型	颗粒型
有效活菌数（CFU）/（亿/g 或亿/mL）	≥ 1.0	≥ 0.50	≥ 0.50
纤维素酶活性 a/（U/g 或 U/mL）	≥ 30.0	≥ 30.0	≥ 30.0
蛋白酶活性 b/（U/g 或 U/mL）	≥ 15.0	≥ 15.0	≥ 15.0
水分/%	—	≤ 35.0	≤ 20.0
细度/%	—	≥ 70	≥ 70
pH 值	5.0~8.0	5.5~8.5	5.5~8.5
保质期 c/月	≥ 3	≥ 6	≥ 6

注：a 以农作物秸秆类为腐熟对象测定纤维素酶活性。

　　b 以畜禽粪便为腐熟对象测定蛋白酶活性。

　　c 此项仅在监督部门或仲裁双方认为有必要时检测。

9.5　微生物肥料的选购要点

微生物肥料是一类活菌制品，它的效能与其有效菌的种类、特性及使用方法有直接的关系。现在微生物肥料品牌众多繁杂，有的甚至把只要含有活微生物的肥料就称为"微生物肥料"或"微生物菌肥"。肥料中是含有经正规工艺提纯复壮的"功能菌"，是既无害也无益的"菌"，还是"有害菌"，根本就没有试验验证。因此，选购微生物肥料，应按国家标准规定的要求仔细辨认。没把握时，可请专家帮助鉴别，避免上当受骗。一般要注意以下几点。

（1）查看外包装必须标注内容　根据《农用微生物产品标识要求》（NY 885—2004）规定，应标明国家标准、行业标准已规定的产品名称，或国家标准、行业标准对产品名称没有统一规定的，应使用不会引起用户、消费者误解和混淆的通用名称；标注产品登记证中的主要技术指标；根据产品的特性标注产品适用的作物和区域；主要载体（原料）的名称；产品登记证编号；产品执行标准编号；生产者或经销者的名称、地址；产品功效（作用）及使用说明；产品质量检验合格证明；净含量；贮存条件和贮存方法；生产日期或生产批号；保质期；警示标志、警示说明等。

（2）查看微生物肥料产品登记证　农业农村部规定，我国生产的肥料冠以"生物"字样的产品，须经肥效试验，充分证明其效益且无毒、无害后，再经农业农村部肥料登记评审委员会审定，符合产品质量要求的颁发产品登记证，登记证有效期 5 年。微生物肥料生产企业在取得产品登记证后，其产品才能进入市场，没有获得登记证的微生物肥料，质量没有保障，可能存在问题，不得购买和使用。引导用户在施用微生物产品时，一定要看其产品是否有市场准入证，即产品登记证。

（3）弄清产品所用菌种的规定要求　查清产品包装上标识的有效菌种的名称、有效活菌数的含量与登记证上登记的是否一致，有效菌种名称不一致，或有效活菌数达不到要求的，不能购买。

（4）保存及使用条件　微生物肥料是一类农用活菌制剂，从生产到使用都要注意给特定微生物一个适宜的生存环境。在贮存中要注意温度不要过高，保存在通风、干燥、阴凉处。使用中注意土壤的湿度、有机质含量及酸碱度，不能与某些化肥和杀菌剂混合。在存放和施用时，必须严格按产品说明书要求进行。

（5）产品有效期　微生物肥料肥效核心是特定活菌，作为活菌制剂有一个存放有效期问题。有效菌在保质期内应符合国家标准或行业标准。随着保存时间延长和保存条件的变化，产品中的有效菌数量逐渐减少，当减到一定数量时其有效作用将发挥不出来。因此，产品包装要注明该产品有效期。

（6）产品适用作物　不同的微生物肥料有其不同的肥料效应，所以要根据微生物肥料的特定功效选择适宜的农作物，以保证产品发挥最佳肥效，最大限度地提高作物产量和品质，如花生根瘤菌制剂只有在花生种植中应用才能充分发挥它的效果。

（7）选择无负面影响的名牌产品　正规厂家生产的正规产品，一般质量信誉有保障，是购买使用的优选对象。

9.6　常见微生物肥料的合理施用

微生物类肥料的使用提倡早、近、匀，即使用时间早、离作物根系近、施用要均匀。使用时需注意：①避免开袋后长期不用，减少杂菌侵入袋内；②避免在高温干旱条件下使用，微生物肥料受阳光直射或因水分不足而难以发挥作用；③不应过度减少化学肥料或者农家肥的用量，一定量的化肥或农家肥与微生物肥料相互补充，以发挥更好的效益；④与未腐熟的有机肥、化肥、杀菌剂、杀虫剂混用时需谨慎，避免杀死微生物类肥料中的有益菌；⑤要注意营造适宜的土壤环境，土壤不能过酸、过碱，注意土壤的干湿度，积极通过农艺措施改良土壤，合理耕作，使微生物肥料能够充分发挥其效果；⑥要注意微生物肥料的施用方法，不同的肥料和作物都有最适宜的方法（图 9-10）。

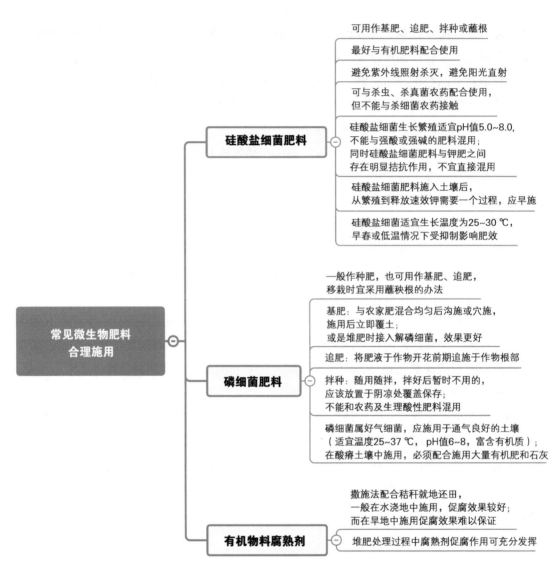

图 9-10 常见微生物肥料的合理施用

第10章

水溶肥料

随着农村土地流转的加快，集约化规模经营已是大势所趋，种植方式、种植结构的调整，水肥一体化技术应用的加快推进，机械化施肥条件的逐步改善，为水溶肥料的发展提供了广阔的发展空间。

10.1 水溶肥料概念

水溶肥料的概念有广义和狭义之分。

广义上，水溶肥料是指完全、迅速溶于水的大量元素单质水溶性肥料（如尿素、氯化钾等）、水溶性复合肥料（磷酸一铵、磷酸二铵、硝酸钾、磷酸二氢钾等）、农业行业标准规定的水溶肥料，如大量元素水溶肥料、中量元素水溶肥料、微量元素水溶肥料、含氨基酸水溶肥料、含腐植酸水溶肥料和有机水溶肥料等。

狭义上，水溶肥料特别指农业行业标准规定的水溶肥料产品。该类水溶肥料是专门针对灌溉施肥（滴灌、喷灌、微喷灌等）和叶面施肥而言的产品。为了实现高浓度、全水溶肥料的生产，在原料选择和生产工艺方面的要求比一般水溶性肥料要高。

因此，农业行业标准将水溶肥料定义为：经水溶解或稀释，用于灌溉施肥、叶面施肥、无土栽培、浸种蘸根等用途的液体或固体肥料。

10.2 水溶肥料分类、主要指标及产品标准

目前，根据农业农村部登记管理项目分类，共有大量元素水溶肥料、中量元素水溶肥料、微量元素水溶肥料、含氨基酸水溶肥料、含腐植酸水溶肥料和有机水溶肥料6个大类。除有机水溶肥料外，其他产品均有相对应的产品执行标准，且均为农业行业标准（表10-1）。

关于水溶肥料除上述产品标准外，还有添加其他成分的辅助检测标准，如水溶肥料中有机质含量的测定标准 NY/T 1976—2010、水溶肥料游离氨基酸含量的测定标准 NY/T 1975—2010、水溶肥料腐植酸含量的测定标准 NY/T 1971—2010；也有近年来关注度较高的肥料添加剂如聚谷氨酸、聚天门冬氨酸、壳聚糖、海藻酸等生物刺激剂类物质含量的测定方法。这些方法为生产企业添加相应增效剂并生产出合格的产品提供了检验依据，也为种植户买到合格产品提供了有力保障。

10.3 水溶肥料基础原料

供应大量元素的水溶性原料种类有很多，主要包括供应不同形态氮、磷、钾的原料产品。

10.3.1 供氮原料

水溶肥料生产中的氮肥原料主要有液氮、氨水、尿素、硝酸铵及其改性氮源等。其具体特性见表 10-2。

10.3.2 供磷原料

水溶肥料生产所需的磷肥原料主要有磷酸铵（磷酸一铵、磷酸二铵）、磷酸二氢钾、磷酸、聚磷酸、聚磷酸铵及一些基础液肥。农用级别的磷酸一铵、磷酸二铵由于杂质含量高，一般不能采用物理方法生产水溶肥料，而应选用工业级磷酸一铵或磷酸二铵；生产固体水溶肥料常选用磷酸一铵、磷酸二铵与磷酸二氢钾等。不同的磷素原料养分含量及特性见表 10-3。

10.3.3 供钾原料

水溶肥料生产的钾肥原料主要包括硝酸钾、硫酸钾、氯化钾、磷酸二氢钾、氢氧化钾等。所生成的水溶肥料种类不同，选用钾肥原料也不同，具体见表 10-4。

表 10-1 各类水溶肥料产品主要指标参考

项目		固体产品	液体产品	指标要求
大量元素水溶肥料(NY/T 1107—2020)				
大量元素含量		≥50.0%	≥400 g/L	①大量元素含量指总 N、P$_2$O$_5$、K$_2$O 含量之和,产品应至少包含其中 2 种大量元素。单一大量元素含量不低于 4.0% 或 40 g/L。各单一大量元素测定值与标明值负偏差的绝对值不大于 1.5% 或 15 g/L; ②氯离子含量大于 30.0% 或 300 g/L 的产品,应在包装袋上标明"含氯(高氯)",标识"含氯(高氯)"的产品,氯离子含量可不做检验判定。产品中若添加中、微量元素,中、微量元素含量指钙镁含量之和; ③单一中量元素含量不低于 0.1% 或 1 g/L,不计入中量元素含量总含量;单一微量元素含量不低于 0.05% 或 0.5 g/L,不计入微量元素含量总含量;
水不溶物含量		≤1.0%	≤10 g/L	
水分(H$_2$O)含量		≤3.0%	—	
缩二脲含量		≤0.9%		
氯离子含量	未标"含氯"的产品	≤3.0%	≤30 g/L	
	标识"含氯(低氯)"的产品	≤15.0%	≤150 g/L	
	标识"含氯(中氯)"的产品	≤30.0%	≤300 g/L	
中量元素水溶肥料(NY 2266—2012)				
中量元素含量		≥10.0%	≥100 g/L	①中量元素含量指钙含量或镁含量或钙、镁含量之和。含量不低于 1.0% 或 10 g/L 的钙或镁元素均应计入中量元素含量中,硫含量不计入中量元素含量,仅在标识中标注; ②微量元素含量应不低于 0.1% 或 1 g/L,且高于中量元素含量的 10%;含量不低于 0.05% 或 0.5 g/L 的单一微量元素均应计入微量元素含量中
水不溶物含量		≤5.0%	≤50 g/L	
pH 值(1:250 倍稀释)		3.0~9.0	3.0~9.0	
水分(H$_2$O)含量		≤3.0%	—	
微量元素水溶肥料(NY 1428—2010)				
微量元素含量		≥10.0%	≥100 g/L	微量元素含量指铜、铁、锰、锌、硼、钼元素含量之和;含量不低于 0.05% 或 0.5 g/L 的单一微量元素均应计入微量元素含量中;钼元素含量不高于 1.0% 或 10 g/L(单质含微量元素产品除外)
水不溶物含量		≤5.0%	≤50 g/L	
pH 值(1:250 倍稀释)		3.0~10.0	3.0~10.0	
水分(H$_2$O)含量		≤6.0%	—	

（续表）

项目		固体产品	液体产品	指标要求
含腐植酸水溶肥料（NY 1106—2010）				
大量元素型	腐植酸含量	≥3.0%	≥30 g/L	大量元素含量指总 N、P₂O₅、K₂O 含量之和，产品应至少包含其中 2 种大量元素。单一大量元素含量不低于 2.0% 或 20 g/L
	大量元素含量	≥20.0%	≥200 g/L	
	水不溶物含量	≤5.0%	≤50 g/L	
	pH 值（1：250 倍稀释）	4.0~10.0		
	水分（H₂O）含量	≤5.0%	—	
微量元素型	腐植酸含量	≥3.0%	—	微量元素含量指铜、铁、锰、锌、硼、钼元素含量之和；产品应至少包含 1 种微量元素。含量不低于 0.05% 的单一微量元素均应计入微量元素含量中；钼元素含量不高于 0.5%
	微量元素含量	≥6.0%	—	
	水不溶物含量	≤5.0%	—	
	pH 值（1：250 倍稀释）	4.0~10.0	—	
	水分（H₂O）含量	≤5.0%	—	
含氨基酸水溶肥料（NY 1429—2010）				
中量元素型	游离氨基酸含量	≥10.0%	≥100 g/L	中量元素含量指钙、镁元素含量之和；产品应至少包含 1 种中量元素；含量不低于 0.1% 或 1 g/L 的单一钙或镁元素均应计入中量元素含量中
	中量元素含量	≥3.0%	≥30 g/L	
	水不溶物含量	≤5.0%	≤50 g/L	
	pH 值（1：250 倍稀释）	3.0~9.0		
	水分（H₂O）含量	≤4.0%	—	
微量元素型	游离氨基酸含量	≥10.0%	≥100 g/L	微量元素含量指铜、铁、锰、锌、硼、钼元素含量之和；产品应至少包含 1 种微量元素；微量元素含量不低于 0.05% 或 0.5 g/L 的单一微量元素均应计入微量元素含量中；钼元素含量不高于 0.5% 或 5 g/L
	微量元素含量	≥2.0%	≥20 g/L	
	水不溶物含量	≤5.0%	≤50 g/L	
	pH 值（1：250 倍稀释）	3.0~9.0		
	水分（H₂O）含量	≤4.0%	—	

表 10-2　供应氮素的常用原料

原料类别	名称	分子式	氮含量（N）/%	特性
酰胺态氮	尿素	$CO(NH_2)_2$	46	①中性有机化合物，施入土壤后以分子态存在于土壤中，并与土壤胶粒发生氢键吸附，吸附力略小于电荷吸附；②在土壤中受脲酶作用而转化成碳酸铵，形成NH_4^+-N，其水解产物同铵态氮肥；③吸湿性强，水溶性好
铵态氮	液氨	NH_3	82.3	①易溶于水，可被作物直接吸收利用；②NH_4^+在土壤中不易淋失，肥效比NO_3^-长；③遇碱性物质会分解出NH_3，深施覆土，可以提高其肥效；④在通气良好的土壤中，NH_4^+可通过硝化作用迅速转化为NO_3^-
	氨水	$NH_3 \cdot H_2O$	12.4~16.5	
	硫酸铵	$(NH_4)_2SO_4$	20~21	
	氯化铵	NH_4Cl	25	
硝态氮	硝酸钙	$Ca(NO_3)_2$	12.6~15	①易溶于水，肥效迅速，溶解度很大，吸湿性强，严格防潮；②NO_3^-流动性大，降水量大或水田易流失；③受热时分解出O_2，助燃性极强，贮存时既要防潮又要防热
	硝酸钠	$NaNO_3$	15~16	
	硝酸钙镁	—	13.6	
	硝酸铵	NH_4NO_3	34~35	
	硝酸铵钙	$Ca(NO_3)_2 \cdot NH_4NO_3$	15.5	
	硝酸铵磷	—	32	
	硝酸钾	KNO_3	13	

表 10-3 供应磷素的常用原料

名称	分子式	养分含量 /%			特性
		P_2O_5	N	K_2O	
热法磷酸	85%H_3PO_4	61.5	—	—	单质磷滴灌，强酸性，可清洗滴头，调节土壤酸度
磷酸一铵（MAP）	$NH_4H_2PO_4$	61	12	—	白色结晶性粉末，溶解性好。可直接作为氮磷肥料滴灌，工业级磷酸一铵是水溶氮、磷、钾的主要复配料
磷酸二铵（DAP）	$(NH_4)_2HPO_4$	53	20.8	—	白色结晶性粉末，溶解性好，有一定吸湿性。可直接作为氮磷肥料滴灌，碱性，一般不作为氮、磷、钾的配料
磷酸脲（UP）	$CO(NH_2)_2 \cdot H_3PO_4$	44	17.4	—	无色透明晶体，易溶于水，水溶液呈酸性，1% 水溶液的 pH 值为 1.89。强酸性肥料，可清洗滴头，调节盐碱性土壤酸度，可直接作为氮、磷肥料滴灌
磷酸二氢钾（MKP）	KH_2PO_4	51.5	—	34	白色结晶粉末，易溶于水，呈酸性，一般叶面喷施，促花坐果。因其能够同时提供氮和钾元素，已经成为水溶肥料的主要基础原料之一
聚磷酸铵（APP）水溶液	$(NH_4)_{(n+2)}P_nO_{(3n+1)}$	30	15	—	无毒无味，吸湿性小，热稳定性高。可直接作为氮、磷肥料滴灌。加入微量元素可以被螯合，液体复配肥料使用较多
聚合磷钾（PKACID）	$K_{(n+2)}P_nO_{(3n+1)}$	60	—	20	白色晶体粉末，属强酸性肥料，能清洗滴头，调节盐碱性土壤酸度，促花坐果
焦磷酸钾（TKPP）	$K_4P_2O_7$	42	—	56	白色粉末或块状固体，易溶于水，水溶液呈碱性，1% 水溶液的 pH 值为 10.2。一般叶面喷施，促花坐果，使用不广泛
硝酸铵磷（NP）	—	10	30（硝态氮 16%；铵态氮 14%）		白色固体颗粒，新型全水溶性氮磷复合肥，植物易吸收、见效快。硝酸铵高塔造粒改性产品，提供硝态氮和铵态氮

表 10-4 供应钾素的常用原料

名称	分子式	养分含量 /%			特性
		K₂O	N	P₂O₅	
硝酸钾	KNO₃	45.5	13	—	溶于水，肥效迅速，溶解性大，吸湿性强，能同时提供硝态氮和钾，是国内水溶肥料钾素原料的主要来源
硫酸钾	K₂SO₄	50	—	—	易溶于水，但溶解度小，溶解速度慢，在其他盐存在条件下，溶解度更小。生理酸性肥料，水溶肥料在生产上多选用速溶型硫酸钾
氯化钾	KCl	60	—	—	生理酸性肥料，目前国内很多指南及部分产品标准都有对氯的限制，尤其是烟草、葡萄等对氯敏感作物不建议施用，所以在水溶肥料中氯化钾用得很少
磷酸二氢钾（MKP）	KH₂PO₄	34	—	51.5	白色结晶粉末，易溶于水，水溶液呈酸性，1% 水溶液的 pH 值为 4.6
氢氧化钾	KOH	71	—	—	易溶于水，溶解时放出大量溶解热，有极强的吸水性，在空气中能吸收水分而溶解，并吸收二氧化碳逐渐变成碳酸钾。是液体水溶肥料生产中常用的原料，一般用作与磷酸进行酸碱中和反应

10.3.4 供钙原料

一般酸性土壤容易缺钙，因此需要通过合理的施肥进行作物钙素营养的补充，常见的可以提供钙素营养的基础原料见表 10-5。

表 10-5 供应钙素的常用原料

名称	分子式	养分含量 /%	特性
硝酸钙	$Ca(NO_3)_2$	17.0	氮（N）含量 11.9%，钙（Ca）含量 17.0%；其外观为白色结晶粉末，极易溶于水，20 ℃时每 100 g 水中可溶解 129.3 g 硝酸钙；吸湿性极强，暴露于空气中极易吸水潮解
硝酸铵钙	$Ca(NO_3)_2 \cdot NH_4NO_3$	19.0	属中性肥料，生理酸性度小；施入土壤后酸碱度小，不会引起土壤板结；溶于水后呈弱酸性，水溶液稳定性较好
氯化钙	$CaCl_2$	36.0	白色粉末或结晶体，含钙量 36%，含氯量 64%；吸湿性强，易溶于水，水溶液呈中性，属于生理酸性肥料；主要用作叶面肥钙源的选择
螯合钙	EDTA-Ca	10.0	白色结晶粉末，易溶于水，钙元素以螯合态存在

10.3.5 供镁原料

在水溶肥料的选择与施用过程中，需要注意含镁营养元素的补充，常见的可以提供镁素营养的基础原料见表10-6。

表10-6 供应镁素的常用原料

名称	分子式	养分含量/%	特性
硝酸镁	$Mg(NO_3)_2$	15.5	无色单斜晶体，极易溶于水、液氨、甲醇及乙醇；常温下稳定，相对密度为1.46 g/L，pH值为5~8；既含镁素营养，又含10%左右的氮素营养
硫酸镁	$MgSO_4$	9.9	白色结晶粉末，易溶于水，20℃时100 g水中可溶解35.5 g硫酸镁，稍有吸湿性，吸湿后会结块；水溶液为中性，属生理酸性肥料
氯化镁	$MgCl_2$	40~50	无色结晶体，呈柱状或针状，有苦味；易溶于水和乙醇，在湿度较大时容易潮解，属生理酸性肥料
螯合镁	EDTA-Mg	6.0	白色结晶粉末，易溶于水，镁元素以螯合态存在

10.3.6 供微量元素原料

常见的微量元素肥料有供铁、锰、锌、铜、钼等的原料产品，其原料种类见表10-7。

表10-7 供应微量元素的常用原料

原料种类	原料名称
供铁原料	硫酸亚铁、硫酸亚铁铵、磷酸亚铁铵、螯合态铁
供锰原料	硫酸锰、氯化锰、螯合态锰
供锌原料	硫酸锌、硝酸锌、氯化锌、螯合态锌
供铜原料	硫酸铜、氯化铜、螯合态铜
供硼原料	硼砂、硼酸、四硼酸钠、四水八硼酸钠
供钼原料	钼酸铵、钼酸、钼酸钠

10.3.7 供有机质原料

通常应用于水溶肥料的有机物料需要有稳定的渠道来源，常见的有机物质一般来源于泥炭等矿藏、资源加工以及食品产业化的工厂废弃物原料（表10-8）。

表 10-8　常见水溶肥料有机物料及其功能特性

物料名称	来源	功能特性
腐植酸	褐煤、风化煤及木本泥炭等	促根抗逆，活化土壤养分，提高养分利用率以及增产提质等
氨基酸	糖厂、味精厂、酵母发酵液等废液以及屠宰场下脚料等	促进作物对养分的吸收，提高养分利用率；增强作物的抗逆性，调节作物生长发育，增加作物产量，改善作物品质等
海藻酸	褐藻、蓝藻、绿藻、红藻等	含有刺激作物生长发育的活性物质，能够提高作物抗逆性，促进种子的萌发，进而提高作物产量，改善作物品质
糖醇	植物和微生物体内	能够参与细胞内渗透调节，提高作物抗逆性；利于中微量元素在作物体内的运输，如糖醇钙能加快作物体内对钙的吸收利用，进而促进作物生长，提高作物产量和改善作物品质
甲壳素	甲壳动物的外壳和昆虫表皮及菌类的细胞壁等	促进作物生长，改善土壤生态环境以及提高作物抗逆性等

10.4　水溶肥料选择原则

用于微灌施肥的肥料必须完全可溶，不含水不溶物且与灌溉水的相互作用小，不会引起灌溉水 pH 值的剧烈变化，对灌溉系统腐蚀性小。另外，两种或两种以上肥料配施时，还要注意肥料之间的兼溶性。虽然不同作物的耐肥性、使用的肥料和灌溉系统特性各有不同，为了避免肥液浓度过高伤到作物根系，灌溉水中的肥料浓度不应超过 5%。因此，在选择水溶肥料时，一方面要考虑肥料对灌溉的影响，另一方面还要考虑对作物的影响。

10.4.1　肥料形态及溶解性

微灌施肥的肥料按照剂型可分为水剂型和固体型。水剂型肥料（液体肥料）有两种形态，即清液态和悬浮态，清液态是指养分完全溶于水中，而悬浮态是指有一部分养分是通过悬浮剂溶解在肥料溶液中的。这两种形态都能提供单一养分或多种养分。在某些固体氮肥里面添加防结块的惰性调节剂，会造成滴灌系统的堵塞。

清液态液体肥料的优点：①可通过滴灌、喷灌系统进行喷施；②可以和除草剂共同进行喷洒；③是微量元素的理想施用形态；④可以迅速被植物吸收，使植物对养分更加高效地利用。

悬浮态液体肥料的优势：①成本低廉，因为生产悬浊液消耗的物料较少；②浓度更高，品质更好；③悬浮态液体肥料可以加入更多的微量元素。

通过微灌系统施用固体肥料时，须先将固体肥料溶解。100g 水能够溶解肥料的量，即为肥料的溶解度。不同单质化肥溶解度见表 10-9。不溶或部分溶解的固体肥料不能直接用于微灌施肥系统，以免堵塞系统。用于滴灌施肥系统的肥料要求水不溶物含量 ≤ 0.5%，用于喷灌的肥料水不溶物含量 ≤ 1%。

表 10-9 常见化肥在不同温度下的溶解度　　　　　　　　单位：g/100 g 水

肥料名称	0 ℃	10 ℃	20 ℃	30 ℃
碳酸氢铵	11.9	16.1	21.7	28.4
硝酸铵	118.0	150.0	192.0	242.0
硫酸铵	70.6	73.0	75.4	78.0
氯化铵	29.4	33.2	37.2	41.4
磷酸一铵	22.7	29.5	37.4	46.4
磷酸二铵	42.9	62.9	68.9	75.1
氯化钾	28.0	31.2	34.2	37.2
硫酸钾	7.4	9.3	11.1	13.0
硝酸钾	13.9	21.9	31.6	45.3
磷酸二氢钾	14.8	15.3	22.6	28.0
氯化钙	59.5	64.7	74.5	100.0
四水硝酸钙	102.0	115.0	129.0	152.0
硫酸镁	22.0	28.2	33.7	38.9
硝酸镁	62.1	66.0	69.5	73.6
七水硫酸亚铁	28.8	40.0	48.0	60.0
五水硫酸铜	23.1	27.5	32.0	37.8
硫酸锌	41.6	47.2	53.8	61.3
硫酸锰	52.9	59.7	62.9	62.9
尿素	55.9	—	108.0	117.2

肥料的水溶性受温度影响很大，尤其是铵态氮肥和硝酸钾。另外，肥料混合可能会增加或者降低肥料的溶解性，为了确保肥料可以在微灌系统中不发生沉淀，应当先进行试

验，如果发生沉淀，则应当停止使用该肥料。

应用固体肥料时，还应该小心操作。肥料溶解过程是一个吸热过程，例如 KNO_3、$Ca(NO_3)_2$、$CO(NH_2)_2$、NH_4NO_3、KCl 和 $5Ca(NO_3)_2 \cdot NH_4NO_3 \cdot 10H_2O$ 等肥料溶解时，可以降低肥料罐中的温度，灌溉之前的清早（尤其是北方地区的早春）温度还很低的情况下，在室外溶解肥料，可能导致部分溶液结冰，堵塞管道，从而使肥料浓度发生意想不到的变化，甚至可能造成管道破裂。

若将有机肥用于微灌系统随水施肥，尽量选用液体的，残渣少的，或加装过滤装置，且施完肥料后至少保证 15 min 以上的清水冲洗时间，确保滴头和过滤器通畅，避免滴头生长藻类、青苔等植物，造成堵塞。

10.4.2 肥料的腐蚀性

肥料溶液的腐蚀性对灌溉系统和相关设备部件的使用寿命影响很大。灌溉管道中如果长期存有腐蚀性较强的肥料溶液，会降低管道的使用寿命。在进行肥料选择时，尽量选择对灌溉系统和有关控件腐蚀性小的产品，以延长灌溉设备和施肥设备的使用寿命，酸性和含氯化物的肥料通常比其他肥料的腐蚀性强，施肥时应注意冲洗管道或采用耐腐蚀的管道设备。不同肥料的腐蚀性见表 10-10。

表 10-10 几种肥料的腐蚀性

设备材质	硝酸钙	硫酸铵	尿素	磷酸二铵
镀锌铁	中等	严重	轻度	轻度
铝板	无	轻度	无	中等
不锈钢	无	无	无	无
青铜	轻度	明显	无	严重
黄铜	轻度	中等	无	严重

10.4.3 肥料混合的兼溶性

在采用水溶性肥料进行组合，尤其是多种原料肥自由组合，并灌溉施用时，应注意肥料混合的兼溶性问题（图 10-1），而采用登记型水溶肥料通常不会出现这些问题。

硝酸铵							
√	尿素						
√	√	硫酸铵					
√	√	√	磷酸铵				
√	√	⊙	√	氯化钾			
√	√	√	√	√	硫酸钾		
√	√	⊙	√	√	√	硝酸钾	
√	√	⊙	⊙	√	⊙	√	硝酸钙

注：√可以混合，⊙混合后会产生沉淀。

图 10-1 水溶性肥料的兼溶性

从图 10-1 中可以看出，磷酸盐、硫酸盐类的肥料与钙混合后易产生沉淀，降低肥料有效性，还可能造成滴头或管道等的堵塞。灌溉施肥时，还应考虑肥料与灌溉水的反应，如含钙、镁离子较高的水与一些磷酸盐类的肥料很容易产生沉淀。

第11章

氮肥

习惯上将具有氮（N）标明量，并提供植物氮素营养的单质肥料称为氮肥。氮肥的主要作用：①提高生物总量和经济产量；②改善农产品品质，特别是能增加种子中蛋白质含量，提高食品的营养价值。施用氮肥有明显增产效果。在增加粮食作物产量的作用中氮肥所占份额居磷（P）、钾（K）等肥料之上。然而，由于各地的气候、土壤、作物、耕作制度、生产水平及经济条件等的差异，氮肥在不同地区及农田的肥效和效益各不相同。

11.1 氮肥制造方法

化学氮肥的生产一般都是从合成氨（NH_3）开始的。氨合成的原理是将氢和氮按 3：1 的比例混合进行反应，其基本反应式如下：

$$N_2 + 3H_2 \rightarrow 2NH_3$$

上述反应必须在高温、高压及有催化剂的条件下进行。合成氨所需的氮气来自空气，氢气来自水或燃料（煤、石油或天然气）。合成的氨可直接作氮肥施用，也是生产其他氮肥的基本原料。迄今为止，除石灰氮外，其他的化学氮肥均由合成氨加工而成，如图11-1所示。

化学氮肥有多种分类方法，按含氮基团可将氮肥分为铵态氮肥、硝态氮肥、酰胺态氮肥和氰氨态氮肥4类；按肥料中氮素的释放速率，可将氮肥分为速效氮肥和缓释/控释氮肥。此外，根据化学氮肥施入土壤后残留酸根与否，可将其分为有酸根氮肥和无酸根氮肥。有酸根氮肥如硫酸铵、氯化铵，这类肥料长期、大量施用会破坏土壤性质；无酸根氮肥主要有尿素、硝酸铵、碳酸氢铵和尿素硝酸铵溶液，这类肥料对土壤性质无不良影响和副作用，可广泛用于多种土壤和作物。

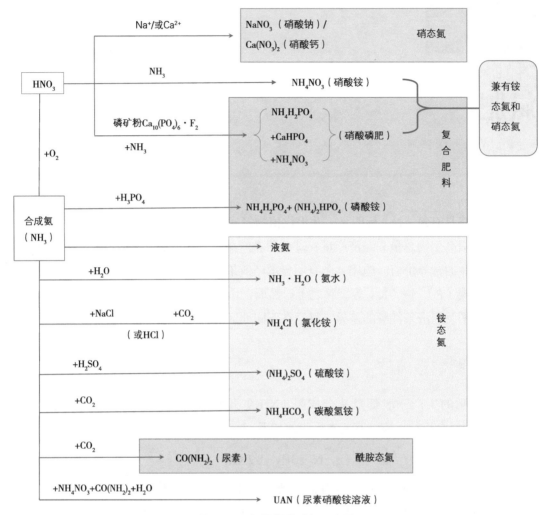

图 11-1　氮肥制造过程示意图

11.2　铵态氮肥

　　凡氮肥中的氮素以 NH_4^+ 或氨形态存在的均属铵态氮肥。铵态氮肥一般具有下列共性：①易溶于水，肥效快，作物能直接吸收利用；②肥料中 NH_4^+ 易被土壤胶体吸附，部分进入黏土矿物的晶层被固定，不易造成氮素流失；③在碱性环境中氨易挥发损失，尤其是挥发性氮肥本身就易挥发，若与碱性物质接触会加剧氨的挥发损失；④在通气良好的土壤中，铵（氨）态氮可经硝化作用转化为硝态氮，易造成氮素的淋失和流失。

　　下面分别介绍几种常见铵态氮肥的性质与施用。

11.2.1　碳酸氢铵（NH_4HCO_3）

　　碳酸氢铵简称碳铵，纯品含氮 17.7%，因生产过程中含水和某些杂质，实际含氮量为

16.5%～17.5%，GB/T 3559—2001 规定了农业用碳酸氢铵的质量标准，见表 11-1。

表 11-1 农业用碳酸氢铵的技术指标

项目	碳酸氢铵 /%			干碳酸氢铵 /%
	优等品	一等品	合格品	
氮（N）	≥ 17.2	≥ 17.1	≥ 16.8	≥ 17.5
水分（H_2O）	≤ 3.0	≤ 3.5	≤ 5.0	≤ 0.5

注：优等品和一等品必须含添加剂。

碳酸氢铵为无色或白色细粒晶体，易吸湿结块，易挥发（习惯上人们把碳酸氢铵称作气儿肥），有强烈的氨味，易溶于水，水溶液呈碱性（pH 值 8.2～8.4）。碳酸氢铵化学性质不稳定，即使在常温下（20 ℃），也易分解为氨、二氧化碳和水，因此造成氮素的挥发损失（图 11-2）。

碳酸氢铵可作基肥和追肥，但不能作种肥。施用上，我们国家通过系统的、科学的研究和广大农民的大量实践，总结形成了 2 条合理施用碳酸氢铵的原则：一是不离土，不离水；二是先肥土，后肥苗。

第一条原则"不离土，不离水"是在土壤施用的条件下，用土壤中到处存在的土和水将铵态氮与空气"隔开"，以减少挥发。即把碳酸氢铵溶解在水中，混在土中，使其挥发的氨气"无处可逃"。

第二条原则"先肥土，后肥苗"是要尽量增加土壤对铵的吸附。因为溶解在水中，混在土中的碳酸氢铵还会分解，氨还会散逸，这些氨如果不被土壤吸附，就会逐渐损失，只有被土壤吸附了，使氨"有处可藏"，才能真正减少挥发，提高肥效。被吸附在土壤中的碳酸氢铵，在一段时间内，可以保存在土壤胶粒表面，不被淋洗，也可以随时供作物吸收，起到"先肥土，后肥苗"的作用。

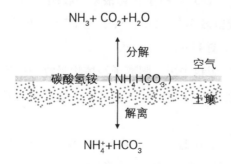

图 11-2 碳酸氢铵入土前后示意图

坚持深施并立即覆土是碳酸氢铵的合理施用原则，施用深度以 6～10 cm 为宜。由于碳酸氢铵化学性质不稳定，氮肥利用率不高，目前，碳酸氢铵仅在一些山区丘陵地少量施用，大多数区域已经被含氮量高、稳定性好的氮肥品种所取代。

11.2.2　硫酸铵 [(NH₄)₂SO₄]

硫酸铵简称硫铵，俗称肥田粉，它是我国生产和使用最早的氮肥品种，可作基肥、追肥和种肥。由于尿素等氮肥品种的发展，目前，我国硫酸铵的产量很少，且农田单独施用硫酸铵的区域和作物也很少，硫酸铵多用作生产复混肥料，为复混肥料产品贡献氮素。肥料级硫酸铵除符合表 11-2 中的指标要求外，还应符合标准 GB/T 535—2020 中规定的限量指标要求。

表 11-2　肥料级硫酸铵的技术指标

项目	指标	
	Ⅰ 型	Ⅱ 型
氮（N）/%	≥ 20.5	≥ 19.0
硫（S）/%	≥ 24.0	≥ 21.0
游离酸（H₂SO₄）/%	≤ 0.05	≤ 0.20
水分（H₂O）/%	≤ 0.5	≤ 2.0
水不溶物 /%	≤ 0.5	≤ 2.0
氯离子（Cl⁻）/%	≤ 1.0	≤ 2.0

硫酸铵纯品为白色晶体，含有少量杂质时呈微黄色。易溶于水，水溶液呈酸性，吸湿性小，物理性状良好，化学性质稳定，常温下存放无挥发，不分解。因含少量杂质，所以含氮量一般为 20%。硫酸铵为生理酸性氮肥，也叫有酸根氮肥，其施入土壤后溶解于水，在土壤溶液中解离为 NH_4^+ 与 SO_4^{2-}。由于作物根系吸收阴、阳离子不平衡，吸收 NH_4^+ 量大于 SO_4^{2-}，因此在土壤中残留较多的 SO_4^{2-}，SO_4^{2-} 与 H^+（来自土壤或根表面铵的交换或吸收）结合，引起土壤酸化（图 11-3）。

生理酸性肥料，即化学肥料中阴、阳离子经植物吸收利用后，其残留部分导致介质酸度提高的肥料。长期大量施用使土壤酸化的程度因土壤性质而异。硫酸铵与土壤胶粒代换反应见图 11-4。

酸性土壤施用硫酸铵后，NH_4^+ 一方面可交换土壤胶体吸附的 H^+，另一方面被作物吸收后可使根系分泌 H^+，这些 H^+ 与 SO_4^{2-} 结合形成 H_2SO_4，使土壤酸性增强，所以应配合施用石灰，以中和土壤酸性，并补充钙的损失，但石灰与硫酸铵应分开施用。石灰性土壤由于碳酸钙含量较高，呈碱性反应，硫酸铵在碱性条件下分解产生氨，如表施会引起氮素挥发损失，所以必须深施覆土。硫酸铵施入水稻田，在淹水条件下，硫酸根中的硫会还原为硫化氢，如累积量过高易使稻根受害而发黑。发生这种现象后，应及时排水通气。

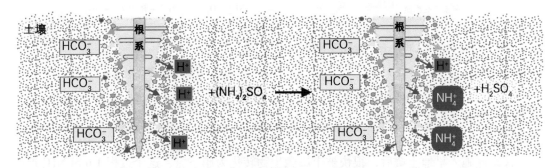

图 11-3　硫酸铵与根系 H^+ 的交换反应

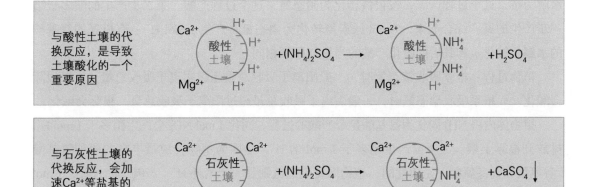

图 11-4　硫酸铵与土壤胶粒的代换反应

【知识拓展】施用化肥会导致土壤酸化吗?

酸的本质是质子（H^+）的产生。施用化肥会导致土壤酸化吗? 这个看似简单的问题，其实牵涉到多个复杂的过程，答案因化肥种类、土壤性质、管理方式等多方面因素不同而不同。

施用肥料，尤其是铵态氮肥、生理酸性肥料，这些肥料投入后，在土壤作用下都会产酸。以氮为例，氮肥施用对土壤中 H^+ 的产生或消耗需要从土壤（图 11-5）和植物两方面考虑。

土壤过程：硝态氮肥（如硝酸钾）为中性，施入土壤本身不产酸也不产碱。在厌氧条件下，硝态氮可被微生物反硝化，这个过程是消耗酸的，即产碱，1 mol 硝态氮反硝化为氮气将消耗 1 mol H^+。

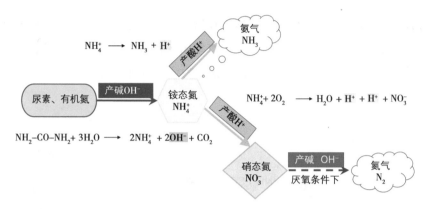

图 11-5　发生在土壤中与酸碱相关的一些主要氮素转化过程

铵态氮施入旱地土壤后，很快被土壤微生物转化为硝态氮，这个过程 1 mol NH_4^+ 产生 2 mol H^+，铵态氮如果以氨气形态从土壤挥发，也产生 1 mol H^+；尿素施到土壤中后，先水解为铵，这个过程产碱，铵很快转化为硝态氮，这个过程产酸，第二步产生的酸多于第一步产生的碱，综合起来，1 mol 尿素氮转化为硝态氮将产生 1 mol H^+；有机氮如氨基酸的水解（铵化）和其后的硝化产酸的当量与尿素相同。

植物过程：根系吸收铵态氮时，一般阳离子吸收总量超过阴离子吸收总量，所以根际会酸化。而根系吸收硝态氮时，一般阴离子吸收总量超过阳离子吸收总量，根际会碱化。

植物体内将 NH_4^+ 同化为氨基酸是个产酸的过程，同化 1 mol NH_4^+ 会产生稍多于 1 mol H^+，排放到根际土壤。之所以产生稍多于 1 mol 的 H^+，是因为植物合成最丰富的两种氨基酸（谷氨酸和天冬氨酸）是酸性的；植物同化硝态氮则是一个消耗 H^+（产碱）的过程，1 mol NO_3^- 还原为 NH_4^+ 会消耗 2 mol 的 H^+，NH_4^+ 同化为氨基酸又会产酸，综合结果是同化 1 mol NO_3^- 会消耗小于 1 mol 的 H^+，植物通过根系排放 OH^- 及在体内产生有机阴离子（尤其是苹果酸根）来达到体内酸碱平衡。

在开放的土壤-植物系统中，铵态氮肥或尿素施用越多，氮素利用效率越低，生物质移除越多，越加重土壤中酸的盈余。盈余的 H^+ 会不会导致土壤 pH 值的降低？即通常提到的土壤酸化？这取决于土壤性质。在石灰性土壤中，由于碳酸钙对 H^+ 的中和作用，只要土壤中还有碳酸钙，pH 值是不会降低的，当然长期施用铵态氮肥或尿素会使土壤中碳酸钙含量逐渐降低。在不含碳酸钙的土壤中，盈余的 H^+ 是会导致土壤 pH 值下降的，下降的速率取决于土壤对 H^+ 的缓冲能力，黏质土壤缓冲能力强，pH 值下降慢一些，砂质土壤缓冲能力弱，pH 值下降快一些。

根据上述分析，从植物生理学角度看，土壤酸化是植物根系吸收的阳离子多于阴离子引起的。因为植物本身吸收的离子不一样，造成不同植物根系周围 pH 值的变化不同。氮肥在土壤中的转化过程中可能会产生质子；各种氮肥转化成硝酸盐，硝酸盐损失的时候，带走钙、镁等碱性离子，造成土壤酸化。另外，水冲洗、秸秆和籽粒的收获和移走都会带走大量的钙、镁盐基离子，造成土壤酸化。

　　从酸化原理看，集约化的农业生产肯定会带来土壤酸化（图 11-6）。因为盐基离子被带走了，又没有得到及时归还，土壤必然酸化。土壤中所有元素，氮、硫、磷、锰等，在循环过程中都会影响质子的产生，这就是土壤酸化的基本原理。

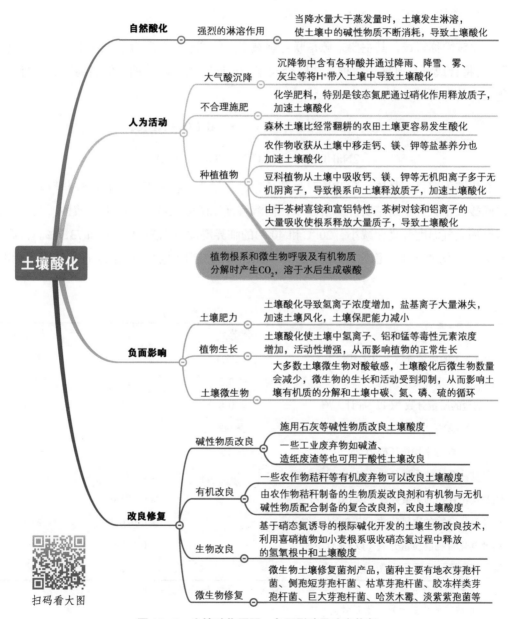

扫码看大图

图 11-6　土壤酸化原因、负面影响及改良修复

　　随着未来集约化程度的提高和粮食需求的进一步增加，酸化程度还会增加。所以要改变土壤酸化趋势，必须改变现在的发展方式。一是不能施用太多氮肥。不能只讲高产，还

要减肥增效。采取合理的管理措施,适当降低化学氮肥的施用量,提高氮肥的利用率,减少氮肥的淋溶损失,将其对土壤酸化的影响降至最低程度。二是要把盐基离子归还到土里面,不要让它流失到水里面去或过多移出土壤系统。三是需要改进耕作制度,如实行轮作间套作等。四是施用石灰等碱性物质或碳酸钙为主要成分的土壤调理剂来改良酸性土壤。

11.2.3 氯化铵(NH$_4$Cl)

氯化铵简称氯铵,其主要来源是联合制碱工业的副产品。联合制碱法也称"侯氏制碱法",它将合成氨与氨碱法两种工艺联合起来,可同时生产碳酸钠(俗名纯碱、苏打)和氯化铵,其主要反应为:

$$NH_3 + CO_2 + NaCl + H_2O \rightarrow NaHCO_3 + NH_4Cl$$

$$2NaHCO_3 \rightarrow Na_2CO_3 + CO_2 \uparrow + H_2O$$

氯化铵为白色结晶体,含杂质时呈黄色,含氮量为24%~25%。物理性状较好,吸湿性比硫酸铵稍大,不易结块。易溶于水,但溶解度比硫酸铵低,水溶液呈酸性。其临界相对湿度随大气温度升高而减小,20 ℃和40 ℃的临界湿度分别为79.7%和73.7%。常温下不易分解,化学性质较稳定。GB/T 2946—2018中规定了农业用氯化铵的产品质量标准,见表11-3。

表11-3 农业用氯化铵的产品质量标准

项目	优等品	一等品	合格品
氮(N)的质量分数(以干基计)/%	≥ 25.4	≥ 24.5	≥ 23.5
水的质量分数ª/%	≤ 0.5	≤ 1.0	≤ 8.5
钠盐的质量分数ᵇ(以Na计)/%	≤ 0.8	≤ 1.2	≤ 1.6
粒度ᶜ(2.00~4.75 mm)/%	≥ 90	≥ 80	—
颗粒平均抗压碎力ᶜ/N	≥ 10	≥ 10	—
砷及其化合物的质量分数(以As计)/%	≤ 0.005 0		
镉及其化合物的质量分数(以Cd计)/%	≤ 0.001 0		
铅及其化合物的质量分数(以Pb计)/%	≤ 0.020 0		
铬及其化合物的质量分数(以Cr计)/%	≤ 0.050 0		
汞及其化合物的质量分数(以Hg计)/%	≤ 0.000 5		

注:a 水的质量分数在生产企业检验和生产领域质量抽查检验时进行判定。
　　b 钠盐的质量分数以干基计。
　　c 结晶状产品无粒度和颗粒平均抗压碎力要求。

氯化铵施入土壤后,在土壤中的转化特点与硫酸铵基本相似,在土壤溶液中解离为NH$_4^+$和Cl$^-$,作物选择吸收后残留于土壤中的是氯离子,所以也属于生理酸性肥料。在酸性土壤中，施用氯化铵使土壤酸化的程度大于硫酸铵，如连续大量施用氯化铵，必须配合适量石灰或有机肥料施用，进行调节。在中性或石灰性土壤中，铵离子与土壤胶体上的钙离子进行交换，生成易溶性的氯化钙。在排水良好的土壤中，氯化钙可被雨水或灌溉水淋洗流失，可能造成土壤胶体品质下降。而在干旱或排水不良的盐渍土中，氯化钙在土壤中积累，土壤溶液盐累积量增加，也不利于作物生长。

氯化铵对某些氯敏感作物，如甘薯、马铃薯、甘蔗、烟草、葡萄、柑橘、茶树等不宜施用，否则对其品质有不良影响。氯化铵施于块根、块茎作物会降低淀粉的含量；施于葡萄、柑橘等植物会降低其含糖量；施于烟草则影响其燃烧性与香气。如必须施用时，可在播种前提早施入土壤中，利用雨水或灌溉水，将肥料中过量的氯离子淋洗至土壤深层，以减少对作物的危害。据报道，在正常施用量的条件下，连续施用氯化铵，土壤中残留的氯只占当年施入量的 4%~6%，对土壤和作物不会产生很大影响。

氯化铵可作基肥和追肥，但不能作种肥，以免影响种子发芽及幼苗生长。作基肥时，应于播种（或插秧）前 7~10 d 施用，作追肥应避开幼苗对氯的敏感期。氯化铵应优先施于耐氯作物、水稻土或缺氯土壤，在盐渍土、干旱或半干旱地区土壤上应避免施用或尽量少用。

【知识拓展】怎样科学选用含氯化肥？

氯在植物体内有多种生理作用。概括起来，主要是少部分氯参与生化反应，而大部分氯以离子状态维持各种生理平衡。当缺氯时，会影响植物生长，但常年施用含氯化肥，如氯化铵和氯化钾，土壤中氯离子过多时，对植物也有毒害作用。在许多情况下，氯害虽未达到出现可见症状的程度，但氯的危害轻则抑制作物生长，重则使作物减产。这正是滨海盐土常常发生盐害的原因之一。

我们习惯上所说的"忌氯作物"，是针对作物对氯的敏感程度不同而提出的。一般对氯离子敏感的作物施用含氯化肥会使产品的品质下降，而含氯化肥却能提高纤维作物如棉花、亚麻等的品质。不同作物的耐氯程度不同，其耐氯分级及耐氯临界值情况如表 11-4 所示。

表 11-4 常见作物耐氯能力分级及耐氯临界值

作物	耐氯能力	土壤溶液氯（Cl）含量 / (μg/g)			
		安全值	临界值	毒害值	致死值
甜菜		600	1 600	> 3 200	
棉花		600	1 600	> 3 200	
玉米	强	< 400	800	2 000	> 3 200
高粱		< 400	700	1 600	> 3 200
谷子		< 400	800	1 800	> 3 200

（续表）

作物	耐氯能力	土壤溶液氯（Cl）含量 /（μg/g）			
		安全值	临界值	毒害值	致死值
春小麦		< 400	600	800	2 000
黄瓜		< 400	600	800	2 400
番茄		< 400	600	800	2 200
亚麻		< 200	500	700	2 000
马铃薯		< 200	500	900	2 600
甘蓝	中	< 400	500	700	2 200
大豆		100	350	800	1 600
花生		< 200	400	800	1 500
水稻		< 200	400	600	1 600
菜花		< 200	350	500	800
葡萄幼苗		< 200	400	500	1 200
山楂幼苗		< 200	350	450	600
甘薯		< 100	300	400	1 500
白菜	弱	< 100	300	400	1 600
苹果幼苗		< 100	250	350	500
草莓		< 100	250	300	800

含氯肥料一般指氯化铵、氯化钾和含氯的复混肥。人尿中含有氯化钠，也是一种含氯肥料。研究表明，适当配施一定量的含氯化肥可提高作物对某些病害如小麦条锈病、马铃薯空心病和褐心病的抗性；硝态氮可以减轻过多氯造成的不良影响，且随着硝态氮比例的增加，减轻氯对作物造成不良影响的能力增强。

那么，如何科学选用含氯肥料？

第一，可根据作物对氯的敏感程度，科学选用含氯肥料。含氯肥料广泛适用于对氯不敏感和中度敏感的作物，对氯敏感的作物不宜施用或有条件地谨慎施用含氯肥料。

第二，在多雨地区或灌溉条件好的地区可以施用含氯肥料。由于氯化物可随水流走，因此在多雨和有灌排条件的地区施用含氯化肥，一般不会使氯离子在土壤中累积而造成危害。

第三，盐碱土和渗水、排水不好的土壤不宜施用含氯化肥。在含氯量高的盐土、盐渍土，渗水不好的黏土、涝洼地以及多年棚栽条件下的土壤不宜施用含氯肥料。

应当指出：①要正确对待含氯肥料，氯是高等植物必需的营养元素之一，但氯多了又会对作物有抑制作用，特别对农产品品质有不良影响；②根据作物对氯敏感程度科学选用含氯肥料；③应综合考虑作物、土壤、灌排和气候条件各个因素后，慎重选择和施用含氯化肥，但是也不要谈"氯"色变。

11.3　硝态氮肥

凡肥料中的氮素以硝酸根（NO_3^-）形态存在的均属于硝态氮肥。主要包括硝酸铵、硝酸钙/硝酸铵钙、硝酸钠等。其中硝酸铵兼有 NH_4^+ 和 NO_3^-，习惯上列为硝态氮肥。硝态氮肥一般具有下列共性：①易溶于水，溶解度大，为速效性氮肥；②吸湿性强，易结块，空气相对湿度较大时，吸水后呈液态，造成施用上的困难；③受热易分解，放出氧气，使体积骤增，易燃易爆，贮运中应注意安全；④ NO_3^- 不能被土壤胶体吸附，易随水流失，所以，水田一般不宜施用，多雨地区与雨季也要适当浅施，以利作物根系吸收；⑤硝酸根可通过反硝化作用还原为多种气体（NO、NO_2 和 N_2 等），引起氮素气态损失。

11.3.1　硝酸铵（NH_4NO_3）

硝酸铵简称硝铵，含氮量约35%，其中 NH_4^+ 和 NO_3^- 各占50%。农业用硝酸铵颗粒状合格品含氮量大于33.5%，优等品含氮量大于34.0%，结晶状产品含氮量大于34.0%。硝酸铵为无色无臭的透明晶体或白色晶体，含有杂质时呈淡黄色，易溶于水，易吸湿结块，溶解时吸收大量热。当温度高、湿度大时存放过久，能吸湿液化，造成施用上的困难。

纯硝酸铵在常温下是稳定的，对打击、碰撞或摩擦均不敏感。但在高温、高压和有可被氧化的物质（还原剂）存在及电火花下会发生爆炸，硝酸铵在含水3%以上时无法爆轰，但仍会在一定温度下分解，在生产、贮运和使用中必须严格遵守安全规定。

硝酸铵是极其钝感的炸药，而且硝酸铵一旦溶于水，起爆感度更是大大下降，人力是不可能撞击引爆的。我国在2002年把硝酸铵列为民爆产品进行管理，硝酸铵一度退出了农用肥料市场。近十多年来随着硝酸铵改性技术和硝基复合肥生产技术的成功开发，硝态氮肥的发展有了较大的突破，硝态氮肥在我国氮肥构成中的占比逐年提高。近几年来硝酸铵产能增长较快，产能过剩，利用硝酸铵水溶液生产液体肥成为硝酸铵农用的新路径。

《农业用改性硝酸铵及使用规程》（NY/T 2268—2020）规定了农业用改性硝酸铵的技术指标（表11-5）、使用的基本要求、施用量、施用方法、限量指标等内容。

表 11-5　农业用改性硝酸铵技术指标

项目	指标
总氮（N）含量 /%	≥ 26.0
硝态氮（N）含量 /%	≤ 13.5
钙（Ca）+镁（Mg）含量 [a]/%	≥ 5.0
pH 值（1∶250 倍稀释）	6.0~8.5
水分（H_2O）含量 /%	≤ 2.0
粒度（1.00~4.75 mm）/%	≥ 90

注：a 钙镁含量可仅为其中1种或2种成分含量之和。含量不低于0.5%的单一中量元素均应计入钙镁含量之和。

11.3.2　硝酸铵钙 [$5Ca(NO_3)_2 \cdot NH_4NO_3 \cdot 10H_2O$]

硝酸铵钙是一种国内外常用的硝酸铵改性产品。硝酸铵钙主要成分化学式为 $5Ca(NO_3)_2 \cdot NH_4NO_3 \cdot 10H_2O$。白色或灰白色颗粒，易溶于水，物理性状良好。《农业用硝酸铵钙及使用规程》（NY/T 2269—2020）规定了农业用硝酸铵钙的技术指标（表 11-6）、检测规则、标识、包装、运输和使用规程。

表 11-6　农业用硝酸铵钙的技术指标

项目	指标
总氮（N）含量 /%	≥ 15.0
硝态氮（N）含量 /%	≥ 14.0
钙（Ca）含量 /%	≥ 18.0
水不溶物含量 /%	≤ 0.5
pH 值（1∶250 倍稀释）	5.5~8.5
水分含量（H_2O）/%	≤ 3.0
粒度（1.00~4.75 mm）/%	≥ 90

硝酸铵钙作为一种低浓度的肥料，广泛应用于棚栽作物和大田种植的粮食作物、经济作物、花卉、果树、蔬菜等。因其含有较高的硝态氮，故常用于北方果树早春和蔬菜作物苗期追肥。果树早春和蔬菜苗期施用硝酸铵钙不仅可以促进果树抽枝展叶，蔬菜迅速提

苗，还可以实现果树、蔬菜早期钙素营养的补充，避免或减轻作物后期缺钙。

11.4　酰胺态氮肥——尿素 $[CO(NH_2)_2]$

尿素是一种化学合成的有机态氮肥，其氮素以酰胺（$CO-NH_2$）形态存在，属酰胺态氮肥。尿素因具有含氮量高、物理性状较好和无副成分等优点，是世界上施用量最多的氮肥品种。尿素含氮量约为 46%，是固体氮肥中含氮量最高的品种。GB/T 2440—2017 规定了农业用（肥料）尿素的要求，见表 11-7。

表 11-7　农业用（肥料）尿素的要求

项目[a]	等级	
	优等品	合格品
总氮（N）的质量分数 /%	≥ 46.0	≥ 45.0
缩二脲的质量分数 /%	≤ 0.9	≤ 1.5
水分[b]/%	≤ 0.5	≤ 1.0
亚甲基二脲（以 HCHO 计）[c] 的质量分数 /%	≤ 0.6	≤ 0.6
粒度[d]/%　　0.85~2.80 mm 1.18~3.35 mm 2.00~4.75 mm 4.00~8.00 mm	≥ 93	≥ 90

注：a 含有尚无国家或行业标准的添加物的产品应进行陆生动植物生长试验，方法见 HG/T 4365—2012 的 附录 A 和附录 B。

b 水分以生产企业出厂检验为准。

c 若尿素生产工艺中不加甲醛，则不测亚甲基二脲。

d 只需符合 4 档中任意一档即可，包装标识中应标明粒径范围。

尿素为白色晶体或颗粒，晶体呈针状或棱柱状，易溶于水，水溶液呈中性，吸湿性小，20 ℃时吸湿临界值为 80.0%，在干燥条件下物理性状良好，常温下基本不分解，但遇高温、潮湿气候，也有一定的吸湿性，贮运时应注意防潮。

在造粒过程中，温度达 50 ℃时便有缩二脲生成，当温度超过 135 ℃时，尿素易分解生成缩二脲。其反应式如下：

$$2CO(NH_2)_2 \rightarrow NH_2CONHCONH_2 + NH_3 \uparrow$$

尿素中缩二脲含量超过 2% 就会抑制种子发芽，危害作物生长，例如，小麦幼苗受缩二脲毒害，大量出现白苗，分蘖明显减少。农业用（肥料）尿素合格品中缩二脲含量不应超过 1.5%，优等品不应超过 0.9%，且应在包装容器上标明"含缩二脲，使用不当会对作物造成伤害"的警示语。尿素作根外追肥时，缩二脲含量不应超过 0.5%，否则会伤害茎叶。缩二脲在土壤脲酶的作用下，能逐步分解，一般旱地 20 d 后可分解 60%，在水田中分解则更快。其反应式如下：

$$NH_2CONHCONH_2 + NH_4^+ \rightarrow 3NH_3 \uparrow + 2H_2CO_3$$

施入土壤的尿素，在其未转化前，可以分子态被土壤胶体吸附。其吸附方式是以氢键结合，即尿素分子中—NH_2 上的氢与腐殖质分子中 ≡CO 上的氧结合，或尿素分子中 ≡CO 上的氧与土壤黏土表面的—OH、—SiOH，腐殖质分子中—COOH、—OH 等基团上的氢键连结。

土壤对尿素分子的吸附，在一定程度上有防止尿素在土壤中淋失的作用。

尿素施入土壤后，除少量以分子态被土壤胶体吸附外，大部分在土壤脲酶的作用下，水解为碳酸铵，并进而释放出氨（图 11-7）。尿素水解通常发生在根系吸收之前，其反应式如下：

$$CO(NH_2)_2 + 2H_2O \rightarrow (NH_4)_2CO_3$$

$$(NH_4)_2CO_3 \rightarrow 2NH_3 \uparrow + CO_2 + H_2O$$

因此，尿素表施也会引起氨的挥发损失。

- 少部分 以分子态被土壤 胶体吸附和被植物吸收
- 大部分 在脲酶 作用下水解

$$CO(NH_2)_2 \xrightarrow[\text{水解}]{\text{脲酶}} (NH_4)_2CO_3 \longrightarrow NH_3 \uparrow + CO_2 + H_2O$$

影响因素：脲酶活性与土壤pH值、水分、温度、有机质含量、质地等有关

如：10 ℃　7~10 d
　　20 ℃　4~5 d　⎫ 完全转化
　　30 ℃　2~3 d　⎭

图 11-7　尿素在土壤中的转化

尿素的转化速率，主要取决于脲酶的活性。一般认为，土壤脲酶（脲酰基水解酶）主要是以酶－有机物或无机胶体复合物的形态存在。但也有报道，土壤中游离脲酶含量虽少，但它在尿素分解中的作用，比复合体形态存在的脲酶更直接，因为尿素水解是在溶液中进行的，土壤 pH 值、温度、水分和质地都可影响脲酶的活性，从而影响尿素水解的速率，其中土壤温度的影响更为明显。当土壤温度在 10 ℃时，尿素需 7~10 d 可全部转化；20 ℃时，需 4~5 d；30 ℃时，只需 2 d 即可分解完。土壤腐殖质和黏粒含量高时，尿素分解快。

为了延缓尿素水解，国内外对脲酶抑制剂进行了广泛的研究和筛选，它们大多为苯醌类或氢醌类化合物。虽然脲酶抑制剂在缓解尿素水解、减少氨挥发方面的作用是值得肯定的，但由于实际应用效果不显著，目前在生产上推广应用得不多。

尿素适宜于各种土壤和作物，可作基肥与追肥。不论在哪种土壤上施用，都应适当深施或施用后立即灌水，通过控制水量使尿素随水渗入土层内，由于深层土壤脲酶的活性较低，从而减缓了尿素的水解。尿素因其含氮量高，并含有少量缩二脲，一般不作种肥，以防烧种。如必须作种肥，则应严格控制用量在 37.5 kg/hm^2 以下，与种子相隔 3 cm，严禁与种子直接接触。

在生产实践中，尿素也常用于叶面喷施，以实现对作物氮素营养的最佳管理。尤其是在作物生长受到胁迫的条件下（如干旱等），根系生长受阻，采用尿素叶面喷施的方法，将有效地缓解因根系功能下降而导致的氮营养缺乏。此外，在开花前采用尿素叶面喷施，将有助于提高作物种子中的氮（或蛋白质）含量。许多植物都迅速吸收叶面施用的尿素。对大多数作物以 0.5%~1% 的浓度喷施为宜，早、晚喷施效果较好。

11.5　尿素硝酸铵溶液（UAN）

尿素硝酸铵溶液（UAN），也称为氮溶液，由尿素（或尿素溶液）、硝酸铵（或硝酸铵溶液）和水配制而成。尿素硝酸铵溶液的生产始于 20 世纪 70 年代的美国，目前在农业生产中已得到广泛应用。在国际市场上，一般有 3 种规格的尿素硝酸铵溶液销售，含氮（N）量分别为 28%、30%、32%，具体配方和特性见表 11-8。含氮（N）量为 28% 的尿素硝酸铵溶液盐析温度为 -18 ℃，含氮（N）量为 30% 的尿素硝酸铵溶液盐析温度为 -10 ℃，含氮（N）量为 32% 的尿素硝酸铵溶液盐析温度为 -2 ℃，适合在不同气温的地区销售和施用。

在尿素硝酸铵溶液中，通常硝态氮和铵态氮的质量分数在 6.5%~7.5%，酰胺态氮的质量分数在 14%~17%，为减少氮的淋溶损失，尿素硝酸铵溶液宜加入硝化抑制剂和脲酶抑制剂。

表 11-8　几种尿素硝酸铵溶液的配方及性质

产品含氮（N）量 /%	各原料质量分数 /%			产品密度 / (g/cm³)	盐析温度 /℃
	硝酸铵	尿素	水		
28	41	32	27	1.283	−18
30	44	34	22	1.303	−10
32	47	37	16	1.320	−2

尿素硝酸铵溶液便于水肥一体化作业，利用灌溉设施冲施、喷灌、滴灌可实现浇水施肥同步进行，也可和杀虫剂、除草剂配合施用简化田间管理。尿素硝酸铵作为一种基础液体氮肥原料，是用于生产各种含量的清液复混液体肥料的主要原料。

11.6　化肥氮在土壤中的转化

不同形态的氮肥施入土壤后，其中的氮素除被作物根系直接吸收外，酰胺态氮在脲酶作用下，分解释放的铵与铵态氮肥的铵可被土壤吸附，也可在微生物作用下氧化为硝态氮。硝态氮在嫌气条件下，又进一步被还原。在碱性条件下，铵转化为气态氨分子（图 11-8）。

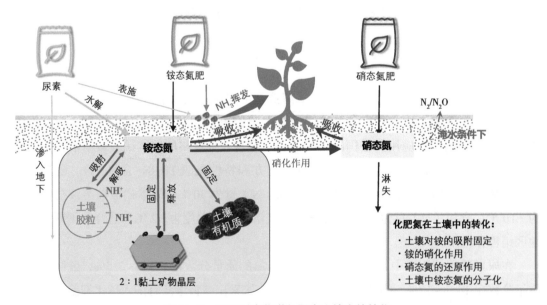

图 11-8　不同形态化学氮肥在土壤中的转化

11.6.1　土壤对铵的吸附与固定

土壤对 NH_4^+ 的吸附与固定途径有阳离子交换吸附反应、黏土矿物固定和有机成分吸附等。土壤对铵的吸附在一定程度上可防止 NH_4^+ 的淋溶损失，并能在作物生长季节中不断提供氮素。

铵态氮肥或尿素施入土壤后，通过不同途径产生 NH_4^+，由于大部分土壤以带负电荷为主，因此 NH_4^+ 以静电引力（库伦力）被土壤胶体吸附，并发生阳离子交换吸附反应。当土壤溶液中的 NH_4^+ 浓度降低时，交换性 NH_4^+ 又被解吸进入溶液中，以维持土壤溶液中 NH_4^+ 的浓度。可见，交换态 NH_4^+ 是作物的重要氮源。

NH_4^+ 在土壤中还可以非交换方式，进入 2∶1 型黏土矿物晶层间晶穴内而被固定，通常称为铵的晶格固定。土壤对 NH_4^+ 的固定能力主要取决于土壤黏土矿物的类型。不同土壤中黏土矿物的组成不同，其固定铵的能力也有较大差异。其中，蛭石固铵能力最强；其次为伊利石和蒙脱石，贝得石和云母也有一定的固铵作用。此外，土壤水分、钾含量及有机质含量对 NH_4^+ 的固定也有一定的影响。土壤由湿变干时，NH_4^+ 的固定增强；交换性钾含量高时，专性吸附位被钾饱和，NH_4^+ 的固定减少；土壤含有机质多时，由于有机物在黏粒表面的吸附，阻塞了离子通道，铵的吸附量也会减少。

土壤对 NH_4^+ 的晶格固定可减少土壤中铵态氮肥的损失，改善土壤的氮素状况。因为固定态铵，尤其是铵态氮肥施入土壤后，被黏土矿物新固定的铵，对植物的有效性比原有固定态铵高，因为前者大多处于晶层边缘，向外扩散的距离短，易被作物吸收。土壤中新固定的铵在作物生长期间可重新释放出来被作物利用，尤其在种水稻时，这部分 NH_4^+ 是不可忽视的。

铵态氮肥施入土壤后，除被土壤中黏土矿物晶格固定外，土壤中的有机成分也具有固定铵态氮的能力。土壤有机成分固定的铵态氮大多不能被酸液或碱液所提取，也不易被微生物分解。由于它们的化学抗性较强，对作物和微生物的有效性很低。

11.6.2　铵的硝化作用

土壤中铵态氮肥或尿素转化形成的铵，在硝化细菌的作用下氧化为硝酸。氧化过程分两步进行：首先是铵在亚硝化细菌的作用下氧化为亚硝酸；随后亚硝酸再被硝酸细菌氧化为硝酸。反应式如下：

$$2\,NH_4^+ + 3O_2 \rightarrow 2NO_2^- + 2H_2O + 4H^+$$

$$2\,NO_2^- + O_2 \rightarrow 2NO_3^-$$

生物氧化过程的强弱与土壤中硝化细菌的数量和活性有关。而这又受到土壤通气条件、pH 值、质地、温度、水分含量及施肥等因素的影响。硝化作用是在好气条件下进行的，pH 值＞8 或 pH 值＜4.5，硝化作用不能进行，在 pH 值 5.6~8.0 范围内，pH 值升高，土壤硝化率增强。土壤质地黏重，通气性差，不利于硝化作用进行。硝化作用的最适温度为 30~35 ℃，旱地中耕除草、稻田烤田均能促进硝化作用。

硝化作用所产生的 NO_3^- 是作物的主要氮源之一，但它不能被土壤胶体吸附，过多的硝态氮易随降水或灌溉水流失。在南方多雨地区或多雨季节，硝酸盐的淋失是旱作土壤氮素损失的重要途径。为了保蓄氮素，在灌溉条件下也应避免土壤中硝化速率过强，以免引起氮素损失。

11.6.3 硝态氮的还原作用

反硝化作用是硝态氮还原的一种途径，即 NO_3^- 在嫌气条件下，经反硝化细菌的作用，还原为气态氮（N_2 或 N_2O）的过程，也称为脱氮作用。当土壤中的氧气不足时，反硝化细菌就利用硝酸盐中的氧进行呼吸，使硝态氮还原。在还原过程中，每一步所释放的氧都能为微生物所利用。其生化过程如下：

$$2\,NO_3^- \rightarrow 2\,NO_2^- \rightarrow N_2O \rightarrow N_2$$

土壤中反硝化作用的强弱，主要取决于土壤通气状况、pH 值、温度和有机质含量，其中尤以通气性的影响最为明显。

当土壤水分含量大于田间持水量的 60% 时，就可能发生反硝化作用，土壤含水量增加，反硝化作用增强。因此，淹水土壤、通透性差或排水不畅的土壤，易发生反硝化作用。由于土壤的不均一性，在排水良好的旱地土壤中，也可能局部发生反硝化作用。

反硝化作用的适宜 pH 值一般为 5~8，而 pH 值为 7.5~8.2 时作用最快，pH 值＜5 的酸性土壤，反硝化作用明显减弱。

反硝化作用的适宜温度为 30~35 ℃，温度低于 9 ℃反硝化作用弱，当温度为 60~65 ℃时也有反硝化作用发生，因为土壤中有嗜热硝化细菌存在。

反硝化作用所需的能量与电子均由土壤中有机物质提供，大量有机碳的分解可迅速耗氧而形成嫌气环境。当土壤中有机质含量较低时（＜1%），由于能源缺乏，反硝化作用受到抑制。

稻田中导致铵态氮肥硝化与反硝化损失的主要原因是土壤中氧化层与还原层的电位不同（图 11-9）。将尿素或铵态氮肥深施到还原层能够防止铵根离子被氧化成硝酸盐，因而可以大大减少 N 损失。当然稻田还原层的亚硝化作用也可导致氮素的反硝化。

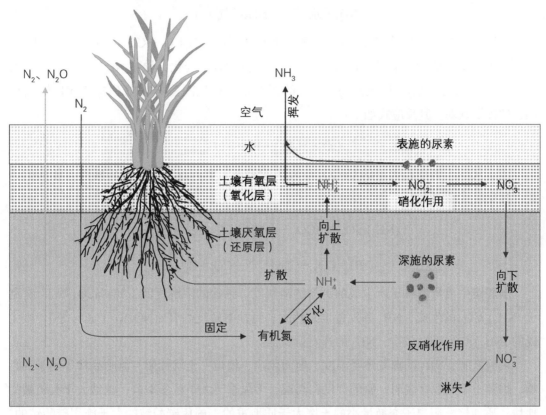

图11-9　稻田土壤中化肥氮硝化-反硝化损失示意图

此外，在纯化学作用下，也可能发生亚硝酸盐的气态化。因为在土壤中，尤其是酸性土壤，当施入铵态氮肥或尿素后，会引起施肥点周围高 pH 值和高氨浓度的联合效应，抑制硝化过程中硝化细菌的活性，从而导致亚硝态氮（NO_2^-）的积累，并通过自行分解，与有机成分、NH_3 或尿素反应，产生 N_2 或 NO、N_2O 以气态形式向大气逸散。

11.6.4　土壤中铵态氮的分子态化

随化肥氮施入的 NH_4^+ 在土壤中可形成分子态氨（NH_3）。在石灰性土壤中氨的挥发比非石灰性土壤更为严重。

在非石灰性土壤中，各种铵态氮肥与尿素施入湿润土壤后，在土壤溶液中形成的 NH_4^+ 和 NH_3 之间的平衡为：

$$NH_4^+ \rightleftharpoons NH_3（水）+H^+$$

随土壤溶液 pH 值的升高及 NH_3 浓度的增加，NH_3 的分压也加大，而溶液中 NH_3 分子的挥发又取决于溶液中 NH_3 分压和大气中 NH_3 分压之差，通常大气中 NH_3 的浓度很低，当溶液中 NH_3 的浓度增大时，就导致 NH_3 分子向大气逸散。

$$NH_3（水） \rightarrow NH_3（气）\uparrow$$

在淹水稻田中 NH_3 的挥发是由溶解于其中的 CO_2—H_2CO_3—CO_3^{2-} 平衡体系所决定。因为水田中藻类的活动会引起该水土体系中 pH 值的昼夜变化，导致 NH_3 挥发量的波动，白天，藻类同化碳酸，pH 值升高，NH_3 的挥发增强；夜间藻类呼出 CO_2 使 pH 值降低，NH_3 的挥发减弱。其反应式如下：

$$CO_2+H_2O \rightarrow H^+ + HCO_3^-$$

在石灰性土壤中，大量的 $CaCO_3$ 与表施的铵态氮肥起反应，形成碳酸铵与相应的钙盐，其反应式举例如下：

$$(NH_4)_2SO_4+CaCO_3 \rightarrow (NH_4)_2CO_3+CaSO_4\downarrow$$

$$(NH_4)_2CO_3 \rightarrow 2NH_3\uparrow + CO_2+H_2O$$

碳酸铵生成量取决于所生成的钙盐的溶解度。钙盐的溶解度低（如 $CaSO_4$ 等），有利于 $(NH_4)_2CO_3$ 的生成，NH_3 挥发量也必然大；钙盐溶解度高 [$Ca(NO_3)_2$、$CaCl_2$ 等]，则生成的 $(NH_4)_2CO_3$ 相对较少，NH_3 的挥发量就低。

表施氮肥，NH_3 的挥发还受温度、地面风速、植被、土壤性质与氮肥品种等因子的影响。据潮土田间观察表明；氨的挥发在高温、多风季节大于秋冬季节；裸地大于有植被的地块；质地轻、阳离子交换量小的土壤大于质地重的；施用碳酸铵的大于施用硫酸铵的，施用尿素初期低于施用硫酸铵，但经 1 周左右的分解，NH_3 的挥发则迅速增加。

11.7 提高氮肥利用率的途径

随着氮肥施用量的不断增加，氮肥利用率在逐渐降低，进而影响氮肥资源利用、施肥安全和土壤环境安全，乃至农作物产品安全。提高氮肥利用率、科学施用氮肥已成为农业施肥的重要问题。图 11-10 总结了提高氮肥利用率的基本原则和有效措施。

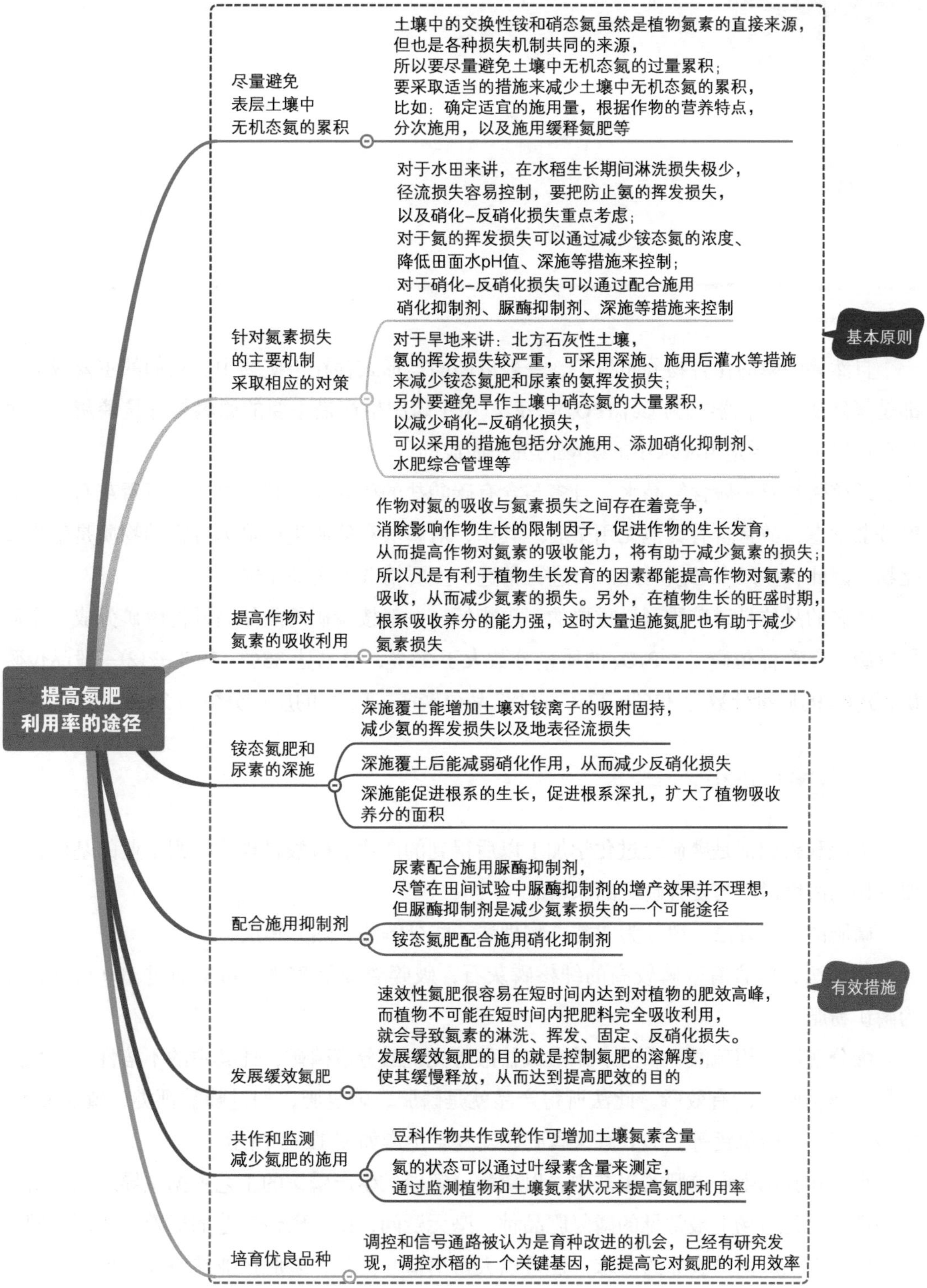

土壤中的交换性铵和硝态氮虽然是植物氮素的直接来源，
但也是各种损失机制共同的来源，
所以要尽量避免土壤中无机态氮的过量累积；
要采取适当的措施来减少土壤中无机态氮的累积，
比如：确定适宜的施用量，根据作物的营养特点，
分次施用，以及施用缓释氮肥等

尽量避免
表层土壤中
无机态氮的累积

对于水田来讲，在水稻生长期间淋洗损失极少，
径流损失容易控制，要把防止氨的挥发损失，
以及硝化-反硝化损失重点考虑；
对于氨的挥发损失可以通过减少铵态氮的浓度、
降低田面水pH值、深施等措施来控制；
对于硝化-反硝化损失可以通过配合施用
硝化抑制剂、脲酶抑制剂、深施等措施来控制

针对氮素损失
的主要机制
采取相应的对策

对于旱地来讲：北方石灰性土壤，
氨的挥发损失较严重，可采用深施、施用后灌水等措施
来减少铵态氮肥和尿素的氨挥发损失；
另外要避免旱作土壤中硝态氮的大量累积，
以减少硝化-反硝化损失，
可以采用的措施包括分次施用、添加硝化抑制剂、
水肥综合管理等

作物对氮的吸收与氮素损失之间存在着竞争，
消除影响作物生长的限制因子，促进作物的生长发育，
从而提高作物对氮素的吸收能力，将有助于减少氮素的损失；
所以凡是有利于植物生长发育的因素都能提高作物对氮素的
吸收，从而减少氮素的损失。另外，在植物生长的旺盛时期，
根系吸收养分的能力强，这时大量追施氮肥也有助于减少
氮素损失

提高作物对
氮素的吸收利用

基本原则

提高氮肥
利用率的途径

深施覆土能增加土壤对铵离子的吸附固持，
减少氨的挥发损失以及地表径流损失

深施覆土后能减弱硝化作用，从而减少反硝化损失

深施能促进根系的生长，促进根系深扎，扩大了植物吸收
养分的面积

铵态氮肥和
尿素的深施

尿素配合施用脲酶抑制剂，
尽管在田间试验中脲酶抑制剂的增产效果并不理想，
但脲酶抑制剂是减少氮素损失的一个可能途径

铵态氮肥配合施用硝化抑制剂

配合施用抑制剂

有效措施

速效性氮肥很容易在短时间内达到对植物的肥效高峰，
而植物不可能在短时间内把肥料完全吸收利用，
就会导致氮素的淋洗、挥发、固定、反硝化损失。
发展缓效氮肥的目的就是控制氮的溶解度，
使其缓慢释放，从而达到提高肥效的目的

发展缓效氮肥

豆科作物共作或轮作可增加土壤氮素含量

氮的状态可以通过叶绿素含量来测定，
通过监测植物和土壤氮素状况来提高氮肥利用率

共作和监测
减少氮肥的施用

调控和信号通路被认为是育种改进的机会，已经有研究发
现，调控水稻的一个关键基因，能提高它对氮肥的利用效率

培育优良品种

图 11-10　提高氮肥利用率的基本原则和有效措施

第12章

磷肥

自然界中磷的化合物分布极广，一般以磷酸盐形式存在于矿物中。它们的主要成分大都是氟磷灰石，化学式为 $Ca_{10}(PO_4)_6 \cdot F_2$。用于磷肥生产最主要的原料是纤核磷灰石（也叫磷块岩），主要是由海水中的磷酸钙沉积而成的。

纤核磷灰石一般含结晶水，且多与含有碳酸盐的矿共生，其主要成分氟磷灰石处于高度分散状态，故常含有其他无用杂质。其中，对磷酸和磷肥生产最为有害的物质是倍半氧化物，因此，生产中必须对此矿石进行精选，主要精选方法是浮选。

磷矿的品位是磷矿质量最重要的一项指标，一般按磷矿的品位高低把磷矿分成 3 个质量等级：①高品位磷矿，P_2O_5 的质量分数大于 33%，最高达 38%~39%；②一般品位磷矿，P_2O_5 的质量分数为 30%~33%；③低品位磷矿，P_2O_5 的质量分数为 26%~30%。

12.1 磷肥的生产方法

磷酸和磷肥都是磷矿经过化学加工以后得到的产物。磷酸是现代磷肥工业的基础，主要用作高浓度磷肥与复合磷肥的原料。

磷肥的生产方法一般分为 3 类：物理法、酸分解法、热分解法。

物理法：将含有效磷较高的纤核磷灰石，破碎磨细至 85%~90% 通过 100 目筛，即为磷矿粉肥。

酸分解法：用硫酸、磷酸、硝酸或盐酸等无机酸分解磷矿，使其中的不溶性磷转化成为易被作物吸收的有效磷。此法所得产品就是磷肥、磷复肥，如过磷酸钙类、磷酸铵类、硝酸磷肥、磷酸氢钙等。酸分解法磷肥、磷复肥生产如图 12-1 所示。

目前在我国生产磷肥的工艺中，以硫酸分解磷矿生产磷铵的工艺占据主导地位。磷铵系列产品则是市场上最常见的磷复肥品种。毫无疑问，由于磷铵工艺的成熟，我国磷肥产品不仅可以供应国内农业的需求，还可以大量出口。但是，磷肥产业在蓬勃发展的同时也给我们的环境埋下了隐患。

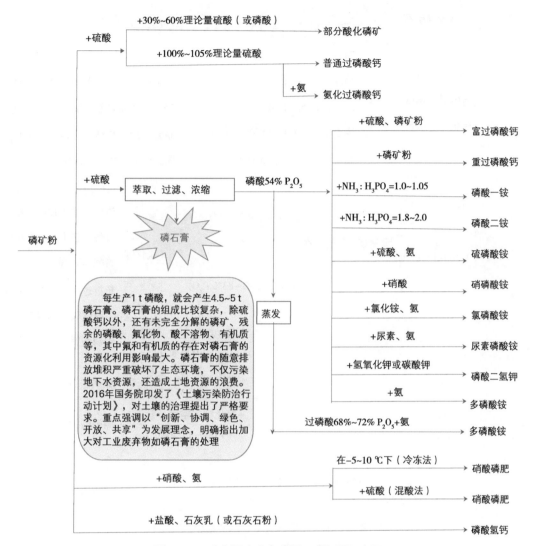

图 12-1 酸分解法生产磷肥、磷复肥示意图

热分解法：利用电热或燃料燃烧热所形成的高温（1 250～1 600 ℃），破坏磷矿中氟磷酸钙晶体的结构或使氟磷酸钙与其他配料反应，生成可被作物吸收的磷酸盐。这类产品就是热法磷肥，如钙镁磷肥、脱氟磷肥、钙钠磷肥、钢渣磷肥等。一般不溶于水，属枸溶性磷肥。热法磷肥、磷复肥的生产如图 12-2 所示。

用酸分解法、热分解法和物理法所生产的磷肥，按其溶解度可分为水溶性磷肥、弱酸溶性磷肥和难溶性磷肥。

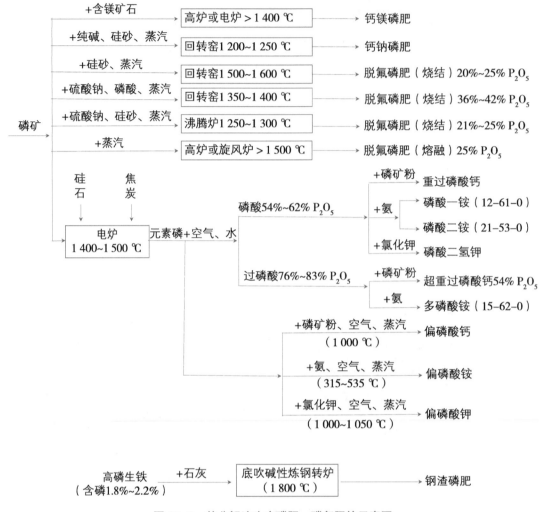

图 12-2　热分解法生产磷肥、磷复肥的示意图

12.2　水溶性磷肥

水溶性磷肥多是采用酸分解法生产的磷肥，在农业生产中常见的有过磷酸钙和重过磷酸钙。它们共同的特点是肥料中所含磷酸盐主要以一水磷酸一钙 $[Ca(H_2PO_4)_2 \cdot H_2O]$ 形态存在，易溶于水，可被植物直接吸收，为速效性磷肥。但在一定条件下，也易被土壤固定。

12.2.1　过磷酸钙

过磷酸钙简称普钙，是由硫酸分解磷矿粉，使难溶性的磷酸钙转化为水溶性的磷酸一钙。其主要反应如下：

$$Ca_{10}(PO_4)_6 \cdot F_2 + 7H_2SO_4 + 3H_2O \rightarrow 3Ca(H_2PO_4)_2 \cdot 3H_2O + 7CaSO_4 + 2HF \uparrow$$

由反应式可见，过磷酸钙的主要成分为一水磷酸一钙 $Ca(H_2PO_4)_2 \cdot H_2O$，其中有效磷含量取决于原料磷矿石的品位，磷矿石品位越高，磷肥中有效磷含量也越高。

过磷酸钙为灰白色粉末或颗粒，含有效磷（P_2O_5）14%～20%，硫酸钙 40%～50%。此外，还有 3.5%～5.5% 的游离硫酸和磷酸。GB/T 20413—2017 规定了疏松状过磷酸钙和粒状过磷酸钙的技术指标，见表 12-1 和表 12-2。

表 12-1 疏松状过磷酸钙的技术指标要求

项目	优等品	一等品	合格品	
			I	II
有效磷（以 P_2O_5 计）的质量分数 /%	≥ 18.0	≥ 16.0	≥ 14.0	≥ 12.0
水溶性磷（以 P_2O_5 计）的质量分数 /%	≥ 13.0	≥ 11.0	≥ 9.0	≥ 7.0
硫（以 S 计）的质量分数 /%	≥ 8.0			
游离酸（以 P_2O_5 计）的质量分数 /%	≤ 5.5			
游离水的质量分数 /%	≤ 12.0	≤ 14.0	≤ 15.0	≤ 15.0
三氯乙醛的质量分数 /%	≤ 0.000 5			

表 12-2 粒状过磷酸钙的技术指标要求

项目	优等品	一等品	合格品	
			I	II
有效磷（以 P_2O_5 计）的质量分数 /%	≥ 18.0	≥ 16.0	≥ 14.0	≥ 12.0
水溶性磷（以 P_2O_5 计）的质量分数 /%	≥ 13.0	≥ 11.0	≥ 9.0	≥ 7.0
硫（以 S 计）的质量分数 /%	≥ 8.0			
游离酸（以 P_2O_5 计）的质量分数 /%	≤ 5.5			
游离水的质量分数 /%	≤ 10.0			
三氯乙醛的质量分数 /%	≤ 0.000 5			
粒度（1.00～4.75 mm 或 3.35～5.60 mm）的质量分数 /%	≥ 80			

过磷酸钙由于含有游离酸使肥料呈酸性，并具有腐蚀性，易吸湿结块，散落性差。吸湿后，其中的磷酸一钙易转化成难溶性的磷酸铁、磷酸铝，导致磷的有效性降低，称为过磷酸钙的退化作用。以形成磷酸铁为例，反应式如下：

$$Ca(H_2PO_4)_2 \cdot H_2O + Fe_2(SO_4)_3 + 5H_2O \rightarrow 2FePO_4 \cdot 4H_2O + CaSO_4 \cdot 2H_2O + 2H_2SO_4$$

因此，过磷酸钙在贮运过程中应防潮，贮存时间不宜过长。

过磷酸钙施入土壤后，肥料中磷酸一钙在土壤中进行异成分溶解，即土壤水分从四周向施肥点汇集，使肥料中的水溶性磷酸一钙溶解进而水解，形成由磷酸一钙、磷酸和磷酸二钙组成的饱和溶液，其反应式为：

$$Ca(H_2PO_4)_2 \cdot H_2O + H_2O \rightarrow CaHPO_4 \cdot 2H_2O + H_3PO_4$$

饱和溶液中磷酸离子的浓度可高达 10~20 mg/kg，比土壤溶液中磷酸离子高数百倍，出现局部土壤溶液中磷的浓度梯度，形成以施肥点为中心，磷酸离子向周围扩展的扩散区，使溶液 pH 值急剧下降为 1.5 左右，从而使土壤中固相铁、铝或钙、镁等迅速溶解，并与磷酸起化学反应，发生磷的固定作用，其转化过程见图 12-3。

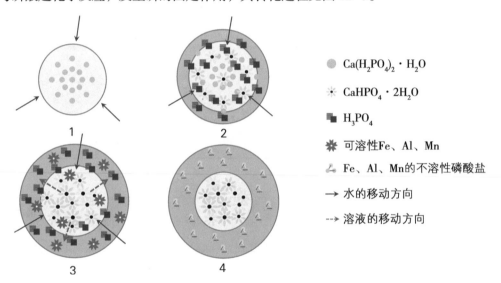

图 12-3 过磷酸钙在土壤中的转化示意图

各种水溶性磷肥饱和溶液的化学性质不同，其中，过磷酸钙饱和溶液的 pH 值最低。因此，它的化学固定作用也比其他水溶性磷肥强，这是过磷酸钙当季利用率低的主要原因。

无论施在酸性土壤或石灰性土壤上，过磷酸钙中的水溶性磷均易被固定，在土壤中移动性小。据报道，石灰性土壤中，磷的移动一般不超过 1~3 cm，绝大部分集中在 0.5 cm 范围内；中性和红壤性水稻土中，磷的扩散系数更小。

因此，合理施用过磷酸钙的原则：尽量减少它与土壤接触的面积，降低土壤固定；尽量施于根系附近，增加与根系接触的机会，促进根系对磷的吸收。

过磷酸钙可作基肥、种肥和追肥，均应适当集中施用和深施。过磷酸钙与有机肥料混合施用是提高肥效的重要措施，因为可借助有机组分对土壤中氧化物的包被，减少对水溶性磷的化学固定；同时有机肥料在分解过程中产生的有机酸（如草酸、柠檬酸等）能与土壤中的钙、铁、铝等形成稳定的配合物，减少这些离子对磷的化学沉淀，提高磷的有效性。

在强酸性土壤中，配合施用石灰也可提高过磷酸钙的有效性，但必须严禁石灰与过磷酸钙混合，施石灰数天后，再施过磷酸钙。

过磷酸钙作根外追肥，喷施前，先将其浸泡于 10 倍水中，充分搅拌，澄清后取其清液，经适当稀释后喷施。喷施浓度一般为 1%~3% 的浸出液。

12.2.2　重过磷酸钙

重过磷酸钙简称重钙，是一种高浓度磷肥。含有效磷（P_2O_5）为 38%~46%，呈深灰色，颗粒或粉末状。GB/T 21634—2020 规定了粉状重过磷酸钙和粒状重过磷酸钙的技术指标，见表 12-3 和表 12-4。

表 12-3　粉状重过磷酸钙技术指标要求

项目	Ⅰ型	Ⅱ型	Ⅲ型
总磷（以 P_2O_5 计）/%	≥ 44.0	≥ 42.0	≥ 40.0
水溶性磷（以 P_2O_5 计）/%	≥ 36.0	≥ 34.0	≥ 32.0
有效磷（以 P_2O_5 计）/%	≥ 42.0	≥ 40.0	≥ 38.0
游离酸（以 P_2O_5 计）/%		≤ 7.0	
游离水 /%		≤ 8.0	

表 12-4　粒状重过磷酸钙技术指标要求

项目	Ⅰ型	Ⅱ型	Ⅲ型
总磷（以 P_2O_5 计）/%	≥ 46.0	≥ 44.0	≥ 42.0
水溶性磷（以 P_2O_5 计）/%	≥ 38.0	≥ 36.0	≥ 35.0
有效磷（以 P_2O_5 计）/%	≥ 44.0	≥ 42.0	≥ 40.0
游离酸（以 P_2O_5 计）/%		≤ 5.0	
游离水 /%		≤ 4.0	
粒度（2.00~4.75 mm）/%		≥ 90	

重过磷酸钙的主要成分为水溶性磷酸一钙 $Ca(H_2PO_4)_2 \cdot H_2O$，不含硫酸钙，含 5%~7% 的游离磷酸，呈酸性，腐蚀性与吸湿性强，易结块，多制成颗粒状。由于不含铁、铝、锰等杂质，存放过程中不致发生磷酸盐的退化。不宜与碱性物混合，否则会降低

磷的有效性。

重过磷酸钙施入土壤后的转化过程和施用方法,与过磷酸钙基本相似。由于肥料中有效成分含量高,其施用量应相应减少。由于它不含硫酸钙,对喜硫作物,其肥效不如等磷量的过磷酸钙。

12.3 枸溶性磷肥

凡所含磷成分溶于弱酸(2% 柠檬酸、中性柠檬酸铵、微碱性柠檬酸铵等)的磷肥,统称为弱酸溶性磷肥,又称枸溶性磷肥。这类磷肥多是采用热分解法生产的磷肥,农业生产上常见的钙镁磷肥、钢渣磷肥、沉钙磷肥、脱氟磷肥均属于枸溶性磷肥。

12.3.1 钙镁磷肥

钙镁磷肥是由磷矿石与适量蛇纹石或橄榄石在高温下共熔,经骤冷而成的玻璃状物质,其组成相当于 $CaO-MgO-P_2O_5-SiO_2-F$ 的玻璃体。反应式如下:

$$2Ca_{10}(PO_4)_6 \cdot F_2 + 2SiO_2 + 2H_2O \xrightarrow{1\,350\ ℃} 6Ca_3(PO_4)_2 + 2CaSiO_3 + 4HF \uparrow$$

钙镁磷肥含磷成分主要为 α-磷酸三钙,含磷(P_2O_5)量 14%~18%,不溶于水,而能溶于 2% 柠檬酸溶液,粉碎后的钙镁磷肥大多呈灰绿色或棕褐色,成品中还含有氧化钙 25%~30%、氧化镁 10%~25%、二氧化硅 40%,是一种以磷为主的多种营养成分肥料,水溶液呈碱性,pH 值为 8.2~8.5,不吸湿、不结块、无腐蚀性。GB/T 20412—2021 规定了其技术指标,见表 12-5 和表 12-6。

表 12-5 粉状或砂粒状钙镁磷肥的技术指标

项目	指标		
	Ⅰ 型	Ⅱ 型	Ⅲ 型
有效五氧化二磷(P_2O_5)/%	≥ 18.0	≥ 15.0	≥ 12.0
水分(H_2O)/%	≤ 0.5		
有效钙(Ca)/%	≥ 20.0		
有效镁(Mg)/%	≥ 6.0	≥ 5.0	≥ 4.0
可溶性硅(SiO_2)/%	≥ 20.0		
细度[a](通过 0.25 mm 试验筛)/%	≥ 80		

注:a 砂状产品细度指标不做要求,其粒度由供需双方合同约定。

产品按肥料合理施用原则和满足不同养分配比的复合肥料生产需求分为Ⅰ型、Ⅱ型和Ⅲ型。

表 12-6　颗粒状钙镁磷肥的技术指标

项目	指标		
	Ⅰ型	Ⅱ型	Ⅲ型
有效五氧化二磷（P_2O_5）/%	≥ 17.0	≥ 14.0	≥ 11.0
水分（H_2O）/%		≤ 1.0	
有效钙（Ca）/%		≥ 19.5	
有效镁（Mg）/%	≥ 6.0	≥ 5.0	≥ 4.0
可溶性硅（SiO_2）/%		≥ 19.0	
粒度 [a]（2.00~4.75 mm）/%		≥ 90	
颗粒平均抗压碎力 /N		≥ 15	
溶散率 /%		≥ 85	

注：a 粒度也可按供需双方合同约定的指标执行。

产品按肥料合理施用原则和满足不同养分配比的复合肥料生产需求分为Ⅰ型、Ⅱ型和Ⅲ型。

钙镁磷肥的溶解度随 pH 值下降而明显增加。施入酸性土壤后，在酸的作用下，钙镁磷肥逐步溶解，释放出磷。其转化过程如下：

$$Ca_3(PO_4)_2 \xrightarrow{H^+} CaHPO_4 \xrightarrow{H^+} Ca(H_2PO_4)_2$$

钙镁磷肥施入石灰性土壤中，在根系分泌的碳酸等作用下，也逐步溶解，缓慢地释放出磷。其反应式如下：

$$Ca_3(PO_4)_2 + 2CO_2 + 2H_2O \rightarrow 2CaHPO_4 + Ca(HPO_4)_2$$

$$CaHPO_4 + 2CO_2 + 2H_2O \rightarrow Ca(H_2PO_4)_2 + Ca(HCO_3)_2$$

因此，在石灰性土壤中钙镁磷肥的肥效低于酸性土壤，肥效慢，有一定后效。

总之，钙镁磷肥在酸性土壤中的肥效相当于或超过过磷酸钙，而在石灰性土壤中的肥效低于过磷酸钙。

钙镁磷肥的枸溶性磷量与粒径有关。一般认为，粒径为 0.15~0.43 mm 的，其枸溶性磷的含量和对水稻的增产效果随粒径变小而增高。在酸性土壤中，粒径大小对肥料中磷酸盐的溶解没有明显影响，而在石灰性土壤中，细度对肥料中磷的溶解有重要作用。不论是枸溶性磷还是水溶性磷其溶解度均随粒径变小而明显增加，粒径小于 0.15 mm，柠檬酸溶性磷溶解也趋于平缓。因此，在不同类型的土壤中，应采用不同粒径的肥料：对缺磷的酸性土壤，肥料粒径小于 0.43 mm；缺磷中性土壤肥料粒径约 0.25 mm；石灰性土壤，肥料的粒径要求小于 0.18 mm。

钙镁磷肥宜撒施作基肥，酸性土壤也作种肥或蘸秧根。作基肥应提前施用，让其在土壤中尽量溶解，也可先与新鲜有机堆肥、沤肥或与生理酸性肥料配合施用，以促进肥料中磷的溶解，但不宜与铵态氮肥或腐熟的有机肥料混合，以免引起氨的挥发损失。

12.3.2 其他枸溶性磷肥

除钙镁磷肥外，其他枸溶性磷肥在农业生产中应用较少，现将其他几种枸溶性磷肥的成分与性质归纳于表 12-7。

表 12-7 其他枸溶性磷肥成分及性质

肥料名称	主要成分	有效 P_2O_5/%	性质
钢渣磷肥	$Ca_4P_2O_9 \cdot CaSiO_3$	14~18	强碱性，不溶于水而溶于弱酸。含有铁、硅、锰、镁、钙等元素，适用于酸性土壤
脱氟磷肥	$\alpha - Ca_3(PO_4)_2$	20~42	碱性，大部分能溶于 2% 柠檬酸。不含游离酸，不吸湿，不结块，适用于酸性土壤
磷酸二钙	$CaHPO_4 \cdot 2H_2O$	30~40	微溶于水，易溶于稀盐酸、稀硝酸、醋酸，适用于酸性土壤，也可作饲料、食品疏松剂
偏磷酸钙	$Ca(PO_4)_n$	64~68	呈玻璃状，施入土壤后经水化可转化为正磷酸盐

12.4 难溶性磷肥

凡所含磷成分只能溶于强酸的磷肥称为难溶性磷肥。这类肥料在农业生产中应用相对较少，现将几种难溶性磷肥性质归纳于表 12-8。

表 12-8 难溶性磷肥及其性质

肥料名称	性质与施用
磷矿粉	天然磷矿石磨成粉直接作磷肥施用的产品。是一种迟效性肥料，宜作基肥，施用时应尽量使其与土壤充分混匀，利用土壤酸度，促进磷矿粉的溶解。且应优先施用于吸磷能力强的作物，如油菜、荞麦、豆科绿肥等
部分酸化磷矿粉	不同酸化程度的产品，也叫节酸磷肥。它是水溶性和酸溶性磷酸盐与硫酸钙的混合物，相当于控释磷肥。适用于酸性土壤，也可施用于石灰性土壤
鸟粪磷矿粉	多指南海诸岛屿上大量的海鸟粪，在高温、多雨条件下，分解释放的磷酸盐淋溶至土壤中，与钙作用形成的矿石，也叫胶磷矿。全磷含量为 15%~19%
骨粉	主要含磷成分为磷酸三钙，宜作基肥，适用于酸性土壤

12.5　肥料磷在土壤中的转化

磷酸盐肥料施入土壤后的行为是一个复杂的问题。其中一部分磷，除通过生物作用转化成有机态外，大部分以无机磷的形态，通过吸附 – 解吸、沉淀 – 溶解过程进行转化（图 12-4）。它不但影响磷肥的生物有效性，而且和生态环境质量密切相关。

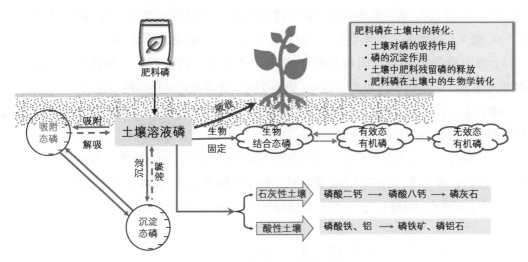

图 12-4　肥料磷在土壤中的转化

在石灰性土壤中，水溶性磷酸离子在扩散过程中，与土壤胶体上交换性钙或溶液中钙离子反应，逐步形成不同溶解度的亚稳态磷酸钙盐，最后转化成较稳定的羟基磷灰石；水溶性磷肥施入酸性土壤后，磷酸离子在扩散中，与土壤中铁、铝反应，生成磷酸铁、磷酸铝的沉淀，使磷的有效性降低。新形成的胶状无定形磷酸铁、磷酸铝，对作物仍有一定的有效性，但随着时间的推移，不断"老化"，通过水解进一步转化为晶形磷酸铁、磷酸铝，其有效性则明显降低。

12.5.1　磷的吸持作用

磷肥施入土壤后，经溶解和水解作用，以不同形式的磷酸离子进入土壤溶液，并可能被土壤吸持，即包括吸附和吸收。吸附是指土壤固相上磷酸离子的浓度高于溶液中磷酸离子的浓度。吸附不是完全可逆的，其中只有部分磷可以重新被解吸而进入溶液中，通常称为交换态磷，所以吸附态磷包括交换态磷。吸收是指磷酸离子与土壤固相成分（铁、铝、钙等）相结合，形成难溶性磷酸盐，基本上为不可逆反应。由于吸附和吸收作用难以截然区分，一般统称为吸持。

土壤对磷的吸附，以专性吸附为主。多发生在铁、铝含量高的酸性土壤中。其吸附过程缓慢，但作用力较强，随着时间的推移磷酸盐逐步"老化"，使磷的有效性降低。

土壤中有很多物质可以吸附磷。吸附和解吸过程是动力学过程，吸附主要取决于土壤溶液中磷的浓度，土壤 pH 值、有机质含量和反应时间也影响这一过程。

12.5.2　磷的沉淀作用

磷肥施入土壤后所形成的磷酸离子，也可与土壤中的铁、铝或钙、镁离子反应，生成单独固相的磷酸铁、磷酸铝或磷酸钙盐、磷酸镁盐。在其转化过程中，生成物的浓度积常数（pK 值）相继增大，溶解度变小，使其在土壤中趋于稳定，磷肥的有效性降低。

土壤中磷的沉淀与吸附往往同时发生，又相互交错进行。一般认为：当介质的 pH 值＜ 7 时，以磷的吸附为主；当 pH 值＞ 7 时，主要是磷酸钙盐的沉淀。

磷肥施入石灰性土壤后磷的吸附或沉淀反应与磷的浓度有关，浓度低时以吸附为主；浓度高时，则发生沉淀反应。

磷肥施入土壤后的沉淀反应，因土壤性质不同，大致可分为两类：酸性土壤中，铁、铝含量较高，磷与铁、铝作用形成磷酸铁（Fe-P）和磷酸铝（Al-P）的转化体系；在石灰性土壤中，碳酸钙含量较高，主要形成磷酸钙（Ca-P）的转化体系。

12.5.3　土壤中肥料残留磷的释放

磷的吸附和沉淀的逆过程是解吸和溶解过程。解吸是保持土壤溶液中磷供应（强度因素）能力的可靠量度，它比吸附过程更引人重视，因为解吸过程是土壤中肥料残留磷释放的重要途径之一，它不仅涉及被吸附磷的再利用，也影响到生态环境质量。

水溶性磷肥施入土壤后，转化成溶解度越来越小的磷酸盐。也可通过解吸、溶解和水解等方式，又释放为有效态磷，为作物吸收利用。磷的释放与土壤条件有密切关系，即土壤中根系活动，微生物活性，土壤水、热状况及有机肥料的分解等，都将影响磷释放的过程。

在石灰性土壤中，新形成的亚稳态磷酸钙盐，可借助作物根系和土壤微生物呼吸作用所产生的碳酸、有机肥料分解时产生的有机酸及生理酸性肥料所产生的酸，使其转化而释放出可被作物利用的磷。

淹水后，由于土壤环境的化学变化，土壤 pH 值向中性发展，Eh 降低，还原条件增强，使闭蓄态磷外层氧化铁胶膜消失，磷的有效性提高，有利于作物的吸收利用，这对酸性土壤中肥料残留磷的利用尤为重要。

12.5.4　肥料磷在土壤中的生物学转化

水溶性磷肥施入土壤后的生物学转化，实际上是一个生物学与生物化学过程。它是在土壤微生物与酶的参与下进行的，包括肥料磷的生物固定和新形成含磷有机化合物的分解。近年来，土壤中有机态磷化学行为研究日益受到重视。

当土壤在有机态磷不足，或碳 / 磷值大时，磷肥施入土壤后，发生肥料磷的生物固定，合成有机态磷，使磷肥的有效性降低，导致土壤微生物与作物竞争磷素。有机态磷又在磷酸酶的作用下进行水解释放出磷。

总之，水溶性磷肥施入土壤后，随着时间的推移，有效性逐步降低。其转化过程与土壤 pH 值有关，在 pH 值 6.0~7.0 范围内，磷的有效性较高。在酸性和石灰性土壤中，虽然土壤固磷作用较强，但施用磷肥对耕层土壤有效磷的富集仍起重要作用，这一点对土壤有效磷含量低的石灰性土壤尤其重要。

12.6　土壤中磷的循环

为了管理好磷以提高植物生产的经济效益和保护环境，我们需要了解土壤中存在的不同形态的磷的性质，以及在土壤内或在更大环境中不同形态磷之间的相互作用。图 12-5 阐明了土壤磷的循环过程。

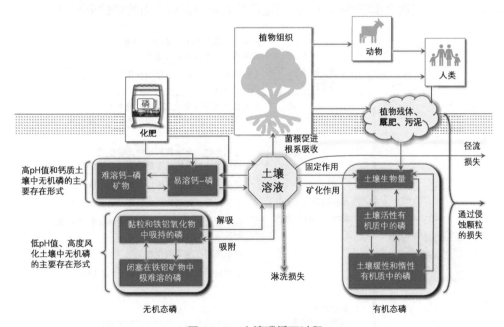

图 12-5　土壤磷循环过程

图 12-5 中圆角框框出的是土壤中主要的含磷化合物类型。在每个类型中，溶解性和有效性较低的形态占据主导地位。肥料磷在土壤中的生物学转化，实际上是一个生物学与生物化学过程。它是在土壤中微生物与酶的参与下进行的，包括肥料磷的生物固定和新形成含磷有机化合物的分解。

12.7 提高作物磷利用效率的对策

磷肥为国家的粮食生产做出了巨大贡献。目前磷肥的利用率普遍较低，而国家磷资源也不充足，提高磷肥的利用率，尤其是提高作物磷利用效率，对节约利用资源，以及降低磷污染都有着深远意义。

磷肥的有效施用是提高作物磷肥利用率的途径之一，必须根据土壤条件、作物特性、轮作制度和施用技术等因素加以综合考虑，才能充分发挥磷肥的肥效（图12-6）。

磷肥的施用方法大体上可分为撒施和集中施用两大类，集中施用又包括条施、穴施、带状施肥等。

（1）撒施　将磷肥均匀地撒施在田块表面，然后翻耕入土。水溶性磷肥，撒施会增加磷肥与土壤的接触面，增加磷的固定，降低磷的有效性，尤其是在酸性土壤中，所以水溶性磷肥不宜撒施。

枸溶性磷肥、难溶性磷肥，在酸性土壤上应采用撒施，以便促进土壤对磷的溶解。

（2）集中施用　是相对撒施而言，凡是不和土壤均匀混合的施用技术都称为集中施用，集中施用能减少磷肥与土壤的接触面积，减少磷的固定，使更多的磷肥保持有效状态，集中施用特别适合水溶性磷肥，尤其是在具有强烈固磷能力的酸性土壤中。

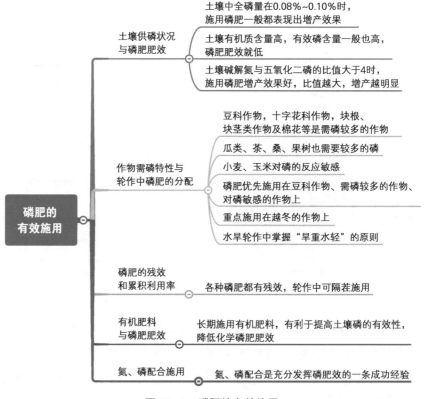

图 12-6　磷肥的有效施用

第13章

钾肥

钾肥是以钾为主要养分的肥料。其肥效大小主要取决于氧化钾（K_2O）含量。钾肥大都能溶于水，但也有某些钾肥含有其他不溶性成分。我国生产的钾肥主要是用含钾矿物，特别是可溶性钾矿盐加工制得的，也有从盐湖水、盐井水和卤水中提取的。

13.1　钾矿资源分布

迄世界上较大的钾矿资源主要分布在加拿大、俄罗斯、白俄罗斯等地。尽管我国钾矿产量位居世界第四（图 13-1），但我国也是世界上最大的消费国，钾矿资源相对短缺。我国现有的钾肥产能主要集中在青海格尔木和新疆罗布泊地区，钾肥供与需的缺口较大，需要靠进口来补。

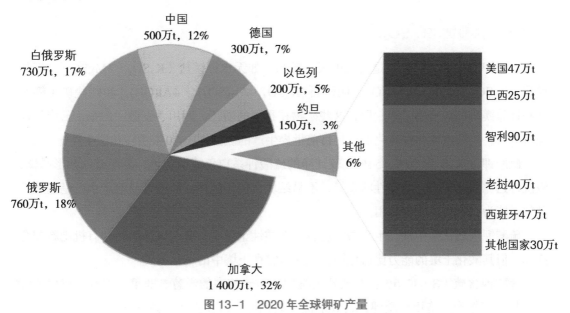

图 13-1　2020 年全球钾矿产量

（数据来源：根据美国地质调查局数据整理）

13.2　常见钾肥

常见的钾肥主要有氯化钾、硫酸钾和硫酸钾镁肥等。根据钾肥是否含有氯元素将钾肥分为含氯钾肥和无氯钾肥。

13.2.1 氯化钾（KCl）

氯化钾含 K_2O 为 50%~60%，主要以光卤石（含有 KCl、$MgCl_2 \cdot H_2O$）、钾石盐（KCl、NaCl）和苦卤（含有 KCl、NaCl、$MgSO_4$ 和 $MgCl_2$ 4 种主要盐类）为原料制成。以卤水用浓缩结晶法生产的钾肥为白色结晶，而用浮选法生产的氯化钾为淡黄色或粉红色结晶。

氯化钾易溶于水，是速效性肥料，可供植物直接吸收利用。氯化钾吸湿性不大，通常不会结块，物理性质良好，便于施用。但含杂质多的产品，吸湿性增大，长期贮存会结块，这类钾肥必须包装严密，存放于干燥处。

氯化钾为化学中性，生理酸性肥料。大量、单一和长期施用氯化钾会引起土壤酸化，其影响程度与土壤类型有关，酸性土壤应适当配合施用石灰、钙镁磷肥等碱性肥料。

氯化钾中含有氯，若施用过量，带入土壤的氯随之增加，对甘蔗、马铃薯、葡萄、西瓜、茶树、烟草、柑橘等对氯敏感作物的品质有不良影响，故一般不宜施用。若必须施用时，应控制用量或提早施用，使氯随雨水或灌溉水流失。实践表明，在多雨地区施用适当，一般不会影响作物的产量和品质。氯能抑制硝化细菌的活动，减缓铵态氮的硝化速率，从而减少多雨地区氮素的流失。

13.2.2 硫酸钾（K_2SO_4）

硫酸钾的生产方法：一是直接由天然矿物，如无水钾镁盐（$K_2SO_4 \cdot 2MgSO_4$）、钾盐镁矾（$K_2SO_4 \cdot MgSO_4 \cdot 4H_2O$）、明矾石 [$K_2SO_4 \cdot Al_2(SO_4)_3 \cdot 4Al(OH)_3$] 和硬盐矿（钾石盐和钾盐镁矾的混合物）等制取，这些矿物在我国的浙江、四川、安徽、山东、云南等地均有分布；二是由氯化钾转化而得，目前世界生产的硫酸钾中 70% 由转化法生产。

硫酸钾含 K_2O 为 50%~54%，较纯净的硫酸钾系白色或淡黄色，菱形或六角形晶体，吸湿性远比氯化钾小，物理性状良好，不易结块，便于施用。硫酸钾易溶于水，是速效性肥料，能为植物直接吸收利用。

硫酸钾也属化学中性、生理酸性肥料，在酸性土壤中，宜与碱性肥料和有机肥料配合施用。但其酸化土壤的能力比氯化钾弱，这与它在土壤中的转化有关。

硫酸钾含硫（S）17.6%，在缺硫土壤中，需硫较多的洋葱、韭菜、大蒜、花生、大豆、甘蔗等作物上施用硫酸钾，其效果优于氯化钾，但在强还原条件下，所含 SO_4^{2-} 易还原成 H_2S，累积到一定量会危害作物生长。例如，会影响水稻根系对养分的吸收，抑制的顺序为：K_2O、P_2O_5 > SiO_2 > NN_4^+、MnO_2 > CaO、MgO。

硫酸钾可作基肥、追肥、种肥和根外追肥。但硫酸钾和氯化钾一样，目前在农业生产中单独施用的较少，多作为复合肥料、掺混肥料的基础钾源。

13.2.3　硫酸钾镁肥

从盐湖卤水或固体钾镁盐矿中仅经物理方法提取或直接除去杂质制成的一种含镁、硫等中量元素的化合态钾肥。分子式为 $K_2SO_4 \cdot (MgSO_4)_m \cdot nH_2O$，其中 $m=1\sim2$，$n=0\sim6$。此类产品在 2015—2020 年共有 16 个产品获得了肥料登记证。GB/T 20937—2018 规定了硫酸钾镁肥产品的技术指标，见表 13-1。

表 13-1　硫酸钾镁肥产品的指标要求

项目	优等品	一等品	合格品
氧化钾（K_2O）的质量分数 /%	≥ 30.0	≥ 24.0	≥ 21.0
镁（Mg）的质量分数 /%	≥ 7.0	≥ 6.0	≥ 5.0
硫（S）的质量分数 /%	≥ 18.0	≥ 16.0	≥ 14.0
氯离子（Cl^-）的质量分数 /%	≤ 2.0	≤ 2.5	≤ 3.0
钠离子（Na^+）的质量分数 /%	≤ 0.5	≤ 1.0	≤ 1.5
游离水（H_2O）的质量分数 [a]/%	≤ 1.0	≤ 1.5	≤ 1.5
水不溶物的质量分数 /%	≤ 1.0	≤ 1.0	≤ 1.5
pH 值	7.0~9.0		
粒度（1.00~4.75 mm）[b]/%	≥ 90		
砷及其化合物的质量分数（以 As 计）/%	≤ 0.005 0		
铬及其化合物的质量分数（以 Cr 计）/%	≤ 0.001 0		
铅及其化合物的质量分数（以 Pb 计）/%	≤ 0.020 0		
镉及其化合物的质量分数（以 Cd 计）/%	≤ 0.050 0		
汞及其化合物的质量分数（以 Hg 计）/%	≤ 0.000 5		

注：a 游离水（H_2O）的质量分数仅在生产企业检验和生产领域质量抽查检验时进行判定。
　　b 粉状产品粒度不做要求。粉状产品的粒度也可按供需双方合同约定执行。

13.3 钾肥在土壤中的转化

化学钾肥施入土壤后，迅速溶解并以 K^+ 形式进入土壤溶液，除供作物直接吸收外，还参与土壤中 4 种形态钾的动态平衡，可用下式表达其动态变化：

$$土壤溶液钾 \rightleftharpoons 交换性钾 \rightleftharpoons 非交换性钾 \leftarrow 矿物钾$$
$$（速效性钾）\qquad\qquad （缓效性钾）$$

13.3.1 被土壤胶体吸附，转化为交换性钾

化肥钾的施入使土壤溶液中 K^+ 浓度升高，与土壤胶粒上被吸附的阳离子进行交换形成交换性钾。它与水溶性钾合称速效钾。随着作物的吸收，交换性钾可被释放重新进入土壤溶液，二者呈动态平衡关系，且反应迅速。土壤胶体对钾的交换吸附，减少了 K^+ 的流失，起到保肥作用。被置换下来的阳离子，在土壤胶体溶液中进行物理化学变化，使土壤性质发生变化，变化的特点依钾肥品种与土壤类型而异。

在酸性和石灰性土壤中，施用氯化钾在土壤中所形成的氯化钙易溶于水，能随水流失。钙离子的淋失，会使缓冲性能小的土壤逐步酸化，并导致土壤板结。而在酸性土壤中施用氯化钾后，可形成盐酸，加剧土壤酸化，提高土壤溶液中活性铁、铝的累积量，甚至造成铝的毒害。故酸性土壤施氯化钾时，应配合施用石灰或其他含钙质肥料和有机肥料加以预防。

硫酸钾施入土后的变化与氯化钾相似，由于阴离子种类不同，主要有 3 点差异：①在中性或石灰性土壤中可形成硫酸钙，其溶解度低于氯化钙，钙离子的流失量较少，对土壤酸化的程度相对较弱；②形成的硫酸钙存留于土壤孔隙中，若长期、大量、连续地施用，有可能造成土壤板结；③硫酸根在渍水的土壤里可还原为硫化氢，累积到一定量后会危害水稻的生长，主要表现为根系发黑，呼吸受抑，影响其对养分的吸收。因此，水田中不宜长期大量施用硫酸钾。

13.3.2 被土壤中黏土矿物固定，转化为非交换性钾

土壤中钾的固定是指水溶性钾或被吸附的交换性钾进入黏土矿物的晶层间，转化为非交换性钾的现象。土壤固定钾通常有 4 种方式。一是钾离子渗进伊利石、某些蒙脱石和蛭石等 2：1 型黏土矿物的层间，当晶层失水收缩时而被固定。一般认为，这是重要的固钾方式。二是在蒙脱石、拜来石及其过渡性矿物中由于 Al^{3+} 对 Si^{4+} 的同晶置换而产生负电荷，能强烈地束缚钾离子。三是钾离子因风化而造成的缺钾矿物，如伊利石，有"开放性钾位"，能为 K^+ 所占据。四是人造沸石的小孔道和孔穴也能固定钾。

被黏土矿物固定的钾，固定在矿物层间表面的，结合能力最弱；固定在矿物层间边缘的，结合能力较强；固定在矿物层间中位的，结合能力最强。

被固定的钾可转化为有效态钾，也可被利用层间钾能力强的作物直接利用，如水稻。可见，土壤对肥料钾的固定，会暂时降低其有效性，但在某种意义上也起到了抑制作物奢侈吸收钾和减少钾流失的作用。

13.3.3　钾的流失

土壤溶液中的钾和黏土矿物层间表面固定的钾，既能被作物吸收，又能随水向下移动而造成损失。因为土壤胶体对 K^+ 的吸附是有限度的，它受土壤阳离子交换量的控制。在阳离子交换量小的土壤中，一次大量施用钾肥，必然会引起钾的流失，其流失量与土壤质地、气候条件、栽培制度都有关。在质地粗、雨水多、温度高及水旱轮作条件下，肥料钾的流失就可能多。为此，在施用上应掌握适量、分次的原则，并宜开发缓效性钾肥，以提高钾肥的效果，降低生产成本。

13.4　土壤中的钾循环

土壤中最丰富的钾资源是硅酸铝钾，如云母和长石，是高温溶液在地表固化时形成的。这些物质能缓慢地向土壤溶液中释放钾。植物和微生物能够利用的主要钾源为土壤总钾的 0.1%~2.0%，这些钾以离子形态存在，松散地结合在土壤颗粒表面或存在于土壤溶液中。一旦被吸收，钾一般在生物体中以离子形态存在。当有机体死亡后，钾会快速地回到土壤溶液中，能够为其他生物体所利用，或通过淋洗离开生态系统（图 13-2）。

图 13-2 中的环形箭头强调了钾从土壤溶液到植物体、再通过植物残体或者是动物排泄物等过程回到土壤的生物循环。钾最初来源于原生矿物和次生矿物。可交换态钾包括被黏土矿物和腐殖质胶体所固持和释放的钾，但是钾并不是土壤腐殖质的结构组成成分。图 13-2 显示了溶液中的钾、可交换态钾、不可交换态钾、原生矿物结构中的钾之间的关系。土壤中大量的钾存在于原生矿物和次生矿物中，通过风化过程缓慢地释放到土壤中。当这些矿物风化后，在风化矿物边缘形成了不可交换但可缓慢释放的有效态钾，最终转变为能被植物根吸收利用的易交换态钾和土壤溶液中的钾。农田生态系统中，被植物吸收的 1/5 的钾（例如谷物）到几乎所有的钾（例如青干草），随着收获被带走，不能再返回到土壤中。

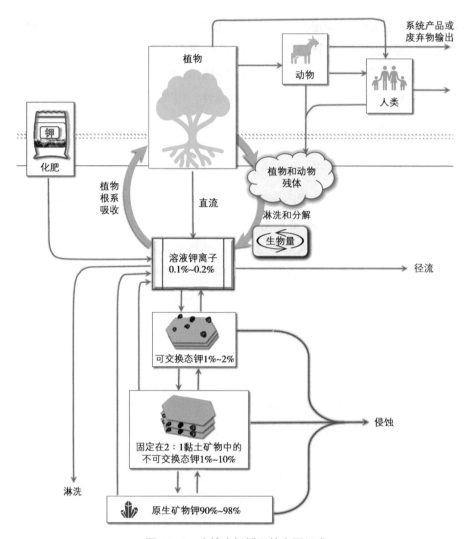

图 13-2 土壤中钾循环的主要组成

第14章

复混肥料

凡是肥料成分中同时含有氮、磷、钾3种养分或其中任何2种养分的化学肥料，均称为复混肥料。含2种养分的叫二元复混肥料，如氮磷二元肥料；含3种养分的叫氮磷钾三元肥料。除3种养分外，还可加入中量元素、微量元素。

14.1 二元肥料

二元肥料是指氮、磷、钾3种养分中，含有其中2种养分标明量的肥料。产品多为二元复合肥料，一般为矿粉、酸与氨反应的产物或化工产品。在农业生产中常见的有磷酸一铵、磷酸二铵、硝酸磷肥、硝酸钾、磷酸二氢钾等。

14.1.1 磷酸铵

磷酸铵类包括磷酸一铵、磷酸二铵、多磷酸铵，属氮磷二元复合肥料。

磷酸一铵是无色四面体结晶体，水溶液的 pH 值为 4.0~4.4。磷酸一铵性质稳定，氨不易挥发。现多作为基础供磷元素和少量氮元素的原料。磷酸二铵是无色单斜晶体，水溶液的 pH 值为 7.8~8.0。磷酸二铵性质不稳定，在湿热条件下，氨易挥发。

当前国产磷酸铵是磷酸一铵和磷酸二铵的混合物。《磷酸一铵、磷酸二铵》（GB/T 10205—2009）规定的产品技术指标见表 14-1、表 14-2 和表 14-3。

表 14-1　传统法粒状磷酸一铵和磷酸二铵的技术指标要求

项目	磷酸一铵			磷酸二铵		
	优等品	一等品	合格品	优等品	一等品	合格品
	12-52-0	11-49-0	10-46-0	18-46-0	15-42-0	14-39-0
外观	颗粒状，无机械杂质					
总养分（$N+P_2O_5$）的质量分数 /%	≥ 64.0	≥ 60.0	≥ 56.0	≥ 64.0	≥ 57.0	≥ 53.0

（续表）

项目	磷酸一铵			磷酸二铵		
	优等品	一等品	合格品	优等品	一等品	合格品
	12-52-0	11-49-0	10-46-0	18-46-0	15-42-0	14-39-0
总氮（N）的质量分数 /%	≥ 11.0	≥ 10.0	≥ 9.0	≥ 17.0	≥ 14.0	≥ 13.0
有效磷（P_2O_5）的质量分数 /%	≥ 51.0	≥ 48.0	≥ 45.0	≥ 45.0	≥ 41.0	≥ 38.0
水溶性磷占有效磷百分率 /%	≥ 87	≥ 80	≥ 75	≥ 87	≥ 80	≥ 75
水分（H_2O）的质量分数 [a]/%	≤ 2.5	≤ 2.5	≤ 3.0	≤ 2.5	≤ 2.5	≤ 3.0
粒度（1.00～4.00 mm）/%	≥ 90	≥ 80	≥ 80	≥ 90	≥ 80	≥ 80

注：a 水分为推荐性要求。

表 14-2　料浆法粒状磷酸一铵和磷酸二铵的技术指标要求

项目	磷酸一铵			磷酸二铵		
	优等品	一等品	合格品	优等品	一等品	合格品
	11-47-0	11-44-0	10-42-0	16-44-0	15-42-0	14-39-0
外观	颗粒状，无机械杂质					
总养分（N+P_2O_5）的质量分数 /%	≥ 58.0	≥ 55.0	≥ 52.0	≥ 60.0	≥ 57.0	≥ 53.0
总氮（N）的质量分数 /%	≥ 10.0	≥ 10.0	≥ 9.0	≥ 15.0	≥ 14.0	≥ 13.0
有效磷（P_2O_5）的质量分数 /%	≥ 46.0	≥ 43.0	≥ 41.0	≥ 43.0	≥ 41.0	≥ 38.0
水溶性磷占有效磷百分率 /%	≥ 80	≥ 75	≥ 70	≥ 80	≥ 75	≥ 70
水分（H_2O）的质量分数 [a]/%	≤ 2.5	≤ 2.5	≤ 3.0	≤ 2.5	≤ 2.5	≤ 3.0
粒度（1.00～4.00 mm）/%	≥ 90	≥ 80	≥ 80	≥ 90	≥ 80	≥ 80

注：a 水分为推荐性要求。

表 14-3　粉状磷酸一铵的技术指标要求

项目	传统法		料浆法		
	优等品	一等品	优等品	一等品	合格品
	9-49-0	8-47-0	11-47-0	11-44-0	10-42-0
外观	粉末状，无明显结块现象，无机械杂质				
总养分（N+P_2O_5）的质量分数 /%	≥ 58.0	≥ 55.0	≥ 58.0	≥ 55.0	≥ 52.0

（续表）

项目	传统法		料浆法		
	优等品	一等品	优等品	一等品	合格品
	9-49-0	8-47-0	11-47-0	11-44-0	10-42-0
总氮（N）的质量分数 /%	≥ 8.0	≥ 7.0	≥ 10.0	≥ 10.0	≥ 9.0
有效磷（P_2O_5）的质量分数 /%	≥ 48.0	≥ 46.0	≥ 46.0	≥ 43.0	≥ 41.0
水溶性磷占有效磷百分率 /%	≥ 80	≥ 75	≥ 80	≥ 75	≥ 70
水分（H_2O）的质量分数 [a]/%	≤ 3.0	≤ 4.0	≤ 3.0	≤ 4.0	≤ 5.0

注：a水分为推荐性要求。

多磷酸铵又称聚磷酸铵或缩聚磷酸铵，是一种含氮和磷的聚磷酸盐，分子通式为 $(NH_4)_{(n+2)}P_nO_{(3n+1)}$，当 n 为 3~20 时，为水溶性；当 n 大于 20 时，为难溶性；用于液体肥的聚磷酸铵的 n 不大于 10 时水溶性最好。

聚磷酸铵溶液可以提高溶入其中化肥的溶解度，加入微量元素可以被螯合，成为均匀一致的多元溶液肥料。低聚磷酸铵虽水溶性好，但养分不能直接被作物吸收，必须在土壤中缓慢水解成正磷酸盐后，才能被作物吸收利用，故具有一定的缓释性。

14.1.2　硝酸磷肥

根据《硝酸磷肥、硝酸磷钾肥》（GB/T 10510—2007）定义，硝酸磷肥是用硝酸分解磷矿石后加工制得的氮磷比约为 2∶1 的肥料，其质量指标见表 14-4。

国内硝酸磷肥生产因除钙工艺不同，可分为冷冻法硝酸磷肥生产工艺（主反应式 $Ca_{10}(PO_4)_6 \cdot F_2 + 20HNO_3 \rightarrow 6H_3PO_4 + 10Ca(NO_3)_2 + 2HF\uparrow$）和混酸法硝酸磷肥生产工艺（主反应式：$2Ca_{10}(PO_4)_6 \cdot F_2 + 24HNO_3 + 8H_2SO_4 \rightarrow 12H_3PO_4 + 12Ca(NO_3)_2 + 4HF\uparrow + 8CaSO_4$）。

我国于 1987 年建成投产的大型硝酸磷肥生产企业山西天脊煤化工集团有限公司（原山西化肥厂）采用的是冷冻法工艺技术，年产能为 90 万 t，其生产工艺流程如图 14-1 所示。

冷冻法硝酸磷肥生产主要流程：硝酸分解磷矿粉，酸不溶物分离，冷冻结晶分离硝酸钙，冷冻母液的中和、蒸发，料浆的浓缩、造粒与干燥和副产品硝酸钙的加工等工艺，最终获得成品硝酸磷肥。

硝酸既可用来分解矿石（磷矿粉），其硝酸根又能作为氮肥成分保留在产品中，这是硝酸磷肥在经济上的优势。此外，生产硝酸磷肥可以不消耗硫资源制造出含磷的复合肥料，对于缺乏硫资源的地区或国家来说尤为合适。欧洲是世界上硝酸磷肥的集中产区。我国硫资源并不丰富，从 20 世纪 50 年代后期我国就开始着手研究和开发这类肥料，但由于技术、材料、装备等一系列原因，截至 2020 年，已经建成的硝酸磷肥厂并不多，年产能不足 150 万 t。

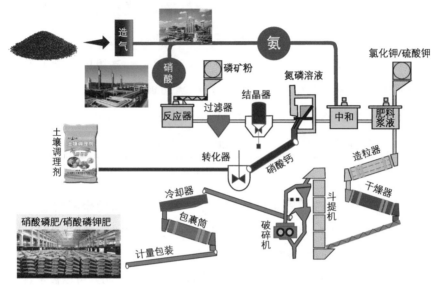

图 14-1　冷冻法硝酸磷肥工艺流程示意图

冷冻法硝酸磷肥生产过程中分离出的硝酸钙，吸湿性强，含水量高，含氮量低，不宜直接作固体肥料使用，因此，副产品硝酸钙的再加工就成为硝酸磷肥生产的一部分。分离出的四水硝酸钙可以加工成物理性状良好的硝酸铵钙，或者碳化后转化成碳酸钙再进一步深加工成其他产品。正因为硝酸分解磷矿粉可以做到无废物排放，在环保高压下，近年来，其在环保安全方面的优势被重新审视而得到重视，正迎来再发展的重大机遇。

表 14-4　硝酸磷肥质量指标

项目	硝酸磷肥		
	优等品	一等品	合格品
	27-13.5-0	26-11-0	25-10-0
总养分（$N+P_2O_5+K_2O$）的质量分数 /%	≥ 40.5	≥ 37.0	≥ 35.0
水溶性磷占有效磷百分率 /%	≥ 70	≥ 55	≥ 40
水分（游离水）的质量分数 [a]/%	≤ 0.6	≤ 1.0	≤ 1.2
粒度（粒径 1.00 ~ 4.75 mm）/%	≥ 95	≥ 85	≥ 80
氯离子（Cl^-）的质量分数 /%	—	—	—

注：a 水分为推荐性要求。

硝酸磷肥产品是含多种化合物的混合体，主要成分有硝酸铵、磷酸一铵、磷酸二钙，次要成分有硝酸钙、磷酸二铵等。氮素形态包括铵态氮和硝态氮，磷的形态包括枸溶性磷和水溶性磷。由于磷矿中含有镁、铁等的氧化物，在酸解过程中还可以把这些营养元素活化保留在产品中，所以，硝酸磷肥产品中含有少量的中微量营养元素。

硝酸磷肥中氮素形态有近一半是硝态氮，肥效快，应优先施用于适宜生长在石灰性土壤中的嗜钙植物。硝酸磷肥可作基肥和追肥，在多雨地区和雨季宜浅施或撒施。硝酸磷肥可用作制造硝酸磷型或含硝态氮复合肥料的基础原料。

14.1.3　硝酸钾

硝酸钾除少数由天然矿物直接开采或由土硝熬制外，大多数用复分解反应方法制取。硝酸钾在农业和工业上均有应用，农用硝酸钾产品质量指标见表14-5。

表 14-5　农用硝酸钾产品质量指标

项目		优等品	一等品	合格品
氧化钾（K_2O）的质量分数 /%		≥ 46.0	≥ 44.5	≥ 44.0
总氮（N）的质量分数 /%		≥ 13.5	≥ 13.5	≥ 13.0
氯离子（Cl^-）的质量分数 /%		≤ 0.2	≤ 1.2	≤ 1.5
水分（H_2O）的质量分数 /%		≤ 0.5	≤ 1.0	≤ 1.5
水不溶物的质量分数 /%		≤ 0.10	≤ 0.20	≤ 0.30
粒度[a]d/%	1.00～4.75 mm	≥ 90		
	1.00 mm 以下	≤ 3		
砷及其化合物的质量分数（以 As 计）/%		≤ 0.005 0		
铬及其化合物的质量分数（以 Cr 计）/%		≤ 0.001 0		
铅及其化合物的质量分数（以 Pb 计）/%		≤ 0.020 0		
镉及其化合物的质量分数（以 Cd 计）/%		≤ 0.050 0		
汞及其化合物的质量分数（以 Hg 计）/%		≤ 0.000 5		

注：a 结晶状产品的粒度不做规定。粒状产品的粒度，也可执行供需双方合同约定的指标。数据来源于GB/T 20784—2018。

硝酸钾为斜方或菱形无色结晶体，含氮（N）为12%～15%，含钾（K_2O）为44%～46%，不含副成分，吸湿性小于一般的硝酸盐类肥料。硝酸钾是含钾多、含氮少的肥料，适用于烟草、甜菜、马铃薯等喜钾作物。烟草和甜菜对硝态氮反应优于铵态氮，施用硝酸钾尤为适合。硝酸钾适于作追肥，不宜用于水田。

硝酸钾易燃、易爆。在运输、贮藏和施用时注意防高温,切忌与易燃物接触。

14.1.4 磷酸二氢钾

磷酸二氢钾是磷钾二元复合肥料。纯净的磷酸二氢钾为灰白色粉末,吸湿性小,物理性状好,易溶于水。水溶液的 pH 值为 3~4。

由于磷酸二氢钾价格昂贵,目前多用于根外追肥或浸种。一般喷施浓度为 0.1%~0.2%,连续喷 2 次或 3 次,可取得良好的增产效果。在水稻、小麦在拔节-孕穗期,棉花花蕾期喷施最好。此外,用浓度 0.2% 的磷酸二氢钾溶液浸种 20 min,晾干后播种,也有较好的增产效果。

14.2 三元肥料

三元肥料是指含有氮、磷、钾 3 种养分标明量的肥料。市场上常见的三元肥料根据其生产工艺不同可分为复合肥料和掺混肥料。

14.2.1 复合肥料

通过化合作用或氨化造粒,采用料浆或熔(融)料造粒工艺生产的肥料,这是我国目前主要的肥料品种。《复合肥料》(GB/T 15063—2020)中定义:复合肥料是指氮、磷、钾 3 种养分中至少有 2 种养分标明量的、由化学方法和(或)物理方法制成的肥料。其技术指标见表 14-6。

表 14-6 复合肥料技术指标要求

项目	指标		
	高浓度	中浓度	低浓度
总养分 [a]($N+P_2O_5+K_2O$)/%	≥ 40.0	≥ 30.0	≥ 25.0
水溶性磷占有效磷百分率 [b]/%	≥ 60	≥ 50	≥ 40
硝态氮 [c]/%		≥ 1.5	
水分 [d](H_2O)/%	≤ 2.0	≤ 2.5	≤ 5.0
粒度 [e](1.00~4.75 mm 或 3.35~5.60 mm)/%		≥ 90	
氯离子 [f]/%	未标"含氯"的产品		≤ 3.0
	标识"含氯(低氯)"的产品		≤ 15.0
	标识"含氯(中氯)"的产品		≤ 30.0

（续表）

项目	指标		
	高浓度	中浓度	低浓度
单一中量元素 g（以单质计）/% 有效钙		≥1.0	
有效镁		≥1.0	
总硫		≥2.0	
单一微量元素 h（以单质计）/%		≥0.02	

注：a 组成产品的单一养分含量不应小于4.0%，且单一养分测定值与标明值负偏差的绝对值不应大于1.5%。

　　b 以钙镁磷肥等枸溶性磷肥为基础磷肥并在包装容器上注明为"枸溶性磷"时，"水溶性磷占有效磷百分率"项目不做检验和判定。若为氮、钾二元肥料，"水溶性磷占有效磷百分率"项目不做检验和判定。

　　c 包装容器上标明"含硝态氮"时检测本项目。

　　d 水分以生产企业出厂检验数据为准。

　　e 特殊形状或更大颗粒（粉状除外）产品的粒度可由供需双方协议确定。

　　f 氯离子的质量分数大于30.0%的产品，应在包装容器上标明"含氯（高氯）"；标识"含氯（高氯）"的产品氯离子的质量分数可不做检验和判定。

　　g 包装容器上标明含钙、镁、硫时检测本项目。

　　h 包装容器上标明含铜、铁、锰、锌、硼、钼时检测本项目，钼元素的质量分数不高于0.5%。

14.2.2　掺混肥料

　　将2种或2种以上的单质化肥，或用一种复合肥料与一两种单质化肥，通过机械混合的方法制得不同养分配比的肥料。《掺混肥料（BB肥）》（GB/T 21633—2020）定义：掺混肥料是指氮、磷、钾3种养分中至少有2种养分标明量的，由干混方法制成的颗粒状肥料。其技术指标见表14-7。

表14-7　掺混肥料（BB肥）技术指标要求

项目		指标
总养分 a（N+P_2O_5+K_2O）/%		≥35.0
水溶性磷占有效磷百分率 b/%		≥60
水分（H_2O）/%		≤2.0
粒度（2.00~4.75 mm）/%		≥90
氯离子 c/%	未标"含氯"的产品	≤3.0
	标识"含氯（低氯）"的产品	≤15.0
	标识"含氯（中氯）"的产品	≤30.0

（续表）

项目		指标
单一中量元素 d （以单质计）/%	有效钙（Ca）	≥ 1.0
	有效镁（Mg）	≥ 1.0
	总硫（S）	≥ 2.0
单一微量元素 e（以单质计）/%		≥ 0.02

注：a 组成产品的单一养分含量不应小于4.0%，且单一养分测定值与标明值负偏差的绝对值不应大于1.5%。

　　b 以钙镁磷肥等枸溶性磷肥为基础磷肥并在包装容器上注明为"枸溶性磷"时，"水溶性磷占有效磷百分率"项目不做检验和判定。若为氮、钾二元肥料，"水溶性磷占有效磷百分率"项目不做检验和判定。

　　c 氯离子的质量分数大于30.0%的产品，应在包装容器上标明"含氯（高氯）"；标明"含氯（高氯）"的产品氯离子的质量分数可不做检验和判定。

　　d 包装容器上标明含钙、镁、硫时检测本项目。

　　e 包装容器上标明含铜、铁、锰、锌、硼、钼时检测本项目，钼元素的质量分数不高于0.5%。

14.3　复合肥料配方计算

14.3.1　常见复合肥料的配方体系

　　复合肥料按其生产过程所采用的主要基础肥料的配料品种，可划分为多个体系。以氮形态划分，可分为硝态氮系列、铵态氮系列、酰胺态氮系列；以磷分可分为磷酸铵系列、硝酸磷系列、过磷酸钙系列、钙镁磷肥系列等；以钾分可以分为氯化钾系列、硫酸钾系列；有时会根据农业、生产、原料、经济等因素会选用较多种基础肥料，称为综合体系。复合肥料常见体系以氮形态划分如表14-8所示。

表14-8　常见的复合肥料体系和典型配方

分类	复合肥料体系	典型配方（N-P₂O₅-K₂O）
硝态氮系列	硝酸铵 - 过磷酸钙 - 钾盐	12-12-0、10-10-10
	硝酸磷 - 钾盐	16-6-20、24-10-5
铵态氮系列	硫酸铵 - 磷酸铵 - 钾盐	14-14-14、20-20-0
	硫酸铵 - 过磷酸钙 - 钾盐	10-10-0、8-9-8
	氯化铵 - 磷酸一铵 - 钾盐	15-15-15、20-20-0
	氯化铵 - 过磷酸钙 - 钾盐	11-11-0、9-9-9
	碳酸氢铵 - 磷酸铵 - 钾盐	10-10-10、14-10-0

（续表）

分类	复合肥料体系	典型配方（N-P$_2$O$_5$-K$_2$O）
	尿素 – 磷酸一铵 – 钾盐	15-15-15、28-28-0
酰胺态氮系列	尿素 – 过磷酸钙 – 钾盐	11-11-5、11-9-11
	尿素 – 钙镁磷肥 – 钾盐	13-7-10、12-6-7
综合体系	尿素 – 氯化铵 / 硫酸铵 – 钾盐	13-7-10、12-6-8
	尿素 – 聚磷酸铵 – 钾盐	15-25-0、15-25-5

【知识拓展】市场上常见的硝硫基、硫基、双硫基、氯基、尿基产品分属哪个体系？

硝硫基：是指氮元素中含有硝态氮，钾素的来源采用硫酸钾，或将氯化钾脱去氯离子制成的复混肥料。此类产品一般不含缩二脲，氯离子含量不高于 3%。

硫基：是指采用硫酸钾和（或）硫酸铵制成的复混肥料。《复合肥料》（GB/T 15063—2020）和《掺混肥料（BB 肥）》（GB/T 21633—2020）中要求，标明硫时，总硫的质量分数应不低于 2%，且氯离子含量不高于 3%。

双硫基：是指氮的来源是硫酸铵，钾的来源是硫酸钾。而普通的硫酸钾型和硫基复混肥料中的氮元素多使用尿素为原料。此类产品标明硫时，要求同硫基产品，总硫的质量分数应不低于 2%，且氯离子含量不高于 3%。

氯基：是指以氯化铵和（或）氯化钾为原料制成的产品，可分为单氯和双氯产品，单氯是指仅以氯化铵或氯化钾为原料制成的复混肥料，双氯是钾元素以氯化钾、氮元素以氯化铵为原料制成的复混肥料。此类产品标识中不应再出现"硫酸钾（型）""硝酸钾（型）""硫基""硝硫基"等字样。

尿基：是指复混肥料中，氮元素主要以尿素为原料制得（市场上也有尿素配以少量硫酸铵 / 氯化铵的产品），尿基复混肥一般都是高氮产品或高浓度产品，特别是氮元素含量 22% 以上的复混肥，单以硫酸铵、氯化铵和碳酸氢铵作为氮源一般生产不出这么高氮含量的产品。

14.3.2 选料要点

14.3.2.1 养分形态

复合肥料中养分有不同的形态，如氮有铵态氮、硝态氮和酰胺态氮，磷有水溶性磷、枸溶性磷，钾有含氯、不含氯等。某些作物对养分形态有特殊需求，如烟叶喜硝态氮，因此在其所需要的氮源中，要有一定比例的硝态氮；再如水田和旱地分别对铵态氮和硝态氮的利用程度不同，在选择原料时需加以考虑。

14.3.2.2 科学配伍

在复合肥料生产中，时常发生物理性质恶化和养分退化或挥发等现象（图 14-2）。因此，复合肥料中营养元素的科学配伍至关重要。

复合肥料生产中原料的相配性是指 2 种或 2 种以上的基础肥料（单一肥料）能否混配、如何混配以及混配时相互影响等现象。一般根据基础肥料在混配过程中是否存在有效养分损失、物理性质恶化等现象，把各种基础肥料的混配分为可混配、有限混配、不可混配 3 种情况。

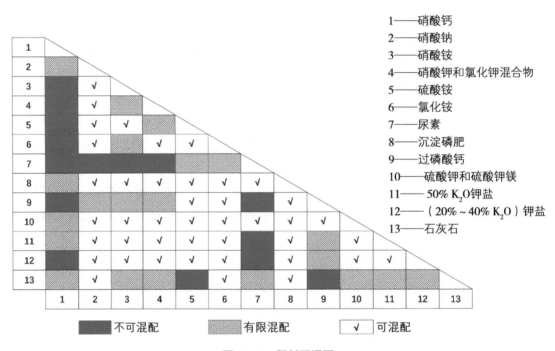

图 14-2　肥料配混图

图 14-2 中所示"不可混配"是指肥料复混时发生养分有效性退化或使物理性状变坏的肥料；"有限混配"是指肥料混配后，其物理性质发生不利的变化，如团粒性、结块性，一般来说，这些肥料只能现混现用；"可混配"是指这些肥料混配后，能保持原来物性，而且有时还得到改善。

在制造复合肥料时，首先要选择具有"可混配"的基础肥料进行混合造粒，其次对"有限混配"的肥料组合，可在一定的配比范围内或经过适当处理后再使用，"不可混配"的肥料一般是不能同时使用的。

14.3.2.3 混合反应

（1）尿素系列

尿素与过磷酸钙（或重过磷酸钙）混配： 混合前未经过预处理，在混合过程中过磷酸钙（或重过磷酸钙）中的游离磷酸、一水磷酸一钙、氟硅酸均与尿素进行加合反应。反应式如下：

$$4CO(NH_2)_2 + Ca(H_2PO_4)_2 \cdot H_2O \rightarrow Ca(H_2PO_4)_2 \cdot 4CO(NH_2)_2 + H_2O$$

$$CO(NH_2)_2 + H_3PO_4 \rightarrow CO(NH_2)_2 \cdot H_3PO_4$$

$$CO(NH_2)_2 + H_2SiF_6 \rightarrow CO(NH_2)_2 \cdot H_2SiF_6$$

反应生成的尿素磷酸盐、磷酸尿素、氟硅酸尿素都具有很大的溶解度，易吸收空气中的水分而使物料变潮，物理性质变坏。第一个反应还释放出结晶水，使物料越混越潮湿，甚至变成糊状物而无法造粒。

如添加硫酸铵，会发生下列反应：

$$Ca(H_2PO_4)_2 \cdot 4CO(NH_2)_2 + (NH_4)_2SO_4 \rightarrow$$

$$CaSO_4 \cdot Ca(H_2PO_4)_2 \cdot 4CO(NH_2)_2 + 2NH_4H_2PO_4$$

这个反应明显改善了尿素与过磷酸钙（或重过磷酸钙）混配的物料性质。

所以，应采取措施，一是在过磷酸钙或重过磷酸钙混合前先进行氨化，就可按一定比例混合生产复合肥料，解决它们之间不可配的问题；二是配方控制尿素含量不超过 12%；三是保证有铵离子存在，可通过添加适量磷酸铵或硫酸铵来克服上述问题。

尿素与磷酸铵、氯化钾混配：在温度较高时，反应分两步进行，第一步是氯化钾与磷酸铵中的磷酸一铵反应，生成磷酸二氢钾和氯化铵。反应式为：

$$KCl + NH_4H_2PO_4 \rightarrow KH_2PO_4 + NH_4Cl$$

第二步是尿素与氯化铵反应生成复盐，同时促进第一步反应的进行。反应式为：

$$CO(NH_2)_2 + NH_4Cl \rightarrow CO(NH_2)_2 \cdot NH_4Cl$$

第一步生成的 NH_4Cl 与 KCl 会形成固溶体，KH_2PO_4 与 $NH_4H_2PO_4$ 也会形成磷酸铵固溶体。若产品中含有水分，上述复盐和固溶体的生成反应在贮存过程中仍将继续进行，导致产品结块。因此，在干燥时应将水分降至 2% 以下。

（2）硫酸铵系列

硫酸铵与过磷酸钙（或重过磷酸钙）混配：硫酸铵与过磷酸钙（或重过磷酸钙）混合后的物料性质会发生明显改善。反应式为：

$$(NH_4)_2SO_4 + Ca(H_2PO_4)_2 \cdot H_2O + H_2O \rightarrow CaSO_4 \cdot 2H_2O + 2NH_4H_2PO_4$$

$$(NH_4)_2SO_4 + CaSO_4 + H_2O \rightarrow (NH_4)_2SO_4 \cdot CaSO_4 \cdot H_2O$$

上述两个反应都要吸水，使得游离水变成结晶水，因此由硫酸铵与过磷酸钙（或重过磷酸钙）混合后的物料变得疏松、干燥、容易破碎，改善了其性质，对后续造粒也有利。

硫酸铵与氯化钾混配：硫酸铵与氯化钾混合后水分发生了变化。反应式为：

$$(NH_4)_2SO_4 + 2KCl \rightarrow K_2SO_4 + 2NH_4Cl$$

$$K_2SO_4 + CaSO_4 + H_2O \rightarrow K_2SO_4 \cdot CaSO_4 \cdot H_2O$$

这个反应发生时，游离水变成了结晶水，混合物的物理性质良好。对于某些对氯敏感作物，如烟草、茶叶等，需要改用硫酸钾时，与掺配氯化钾一样，可得到物理性质良好的颗粒产品。

（3）氯化铵系列

氯化铵与过磷酸钙（或重过磷酸钙）混配：氯化铵与过磷酸钙（或重过磷酸钙）混配会生成溶解度较大的氯化钙并释放出结晶水。反应式为：

$$NH_4Cl + Ca(H_2PO_4)_2 \cdot H_2O \rightarrow 2NH_4H_2PO_4 + CaCl_2 + H_2O$$

上述反应在实际操作中可能由于反应进展较缓慢，混合物没有出现黏糊状，可以得到质量合格的复合肥料颗粒产品。

在上述氯化铵系列混合料中，以部分硫酸铵（硫酸铵约占总氮养分的1/3）替代氯化铵，由于硫酸铵在混合料中所发生化学反应的作用以及硫酸铵具有黏结性较强的可塑性，可取得物理性能与硫酸铵系列复合肥料同样好的颗粒肥料。

在氯化铵－过磷酸钙混合料中如掺加少量碳酸氢铵，可生产出较圆润、表面光滑的颗粒肥料。

（4）硝酸铵系列

硝酸铵、磷酸盐和氯化钾混合：当硝酸铵、磷酸盐和氯化钾三者混合时，由于氯化钾产生催化作用，会形成"缓慢燃烧"反应，将会导致仓库发生火灾或爆炸。因此这3种基础肥料生产复合肥料时，一方面应严格控制配比，避开"缓慢燃烧"区域，另一方面必须注意贮存温度不得超过40 ℃。

其他物质如铬、钴、锰、镍和铜等的盐类，对硝酸铵的分解起催化作用。因此，当有硝酸铵存在时，添加微量元素生产复合肥料时应加以注意。

硝酸铵与重过磷酸钙（或过磷酸钙）混配：硝酸铵与重过磷酸钙（或过磷酸钙）混合生成物料的性质发生一些不利变化，如吸湿性明显提高。反应式为：

$$2NH_4NO_3 + Ca(H_2PO_4)_2 \cdot H_2O \rightarrow 2NH_4H_2PO_4 + Ca(NO_3)_2 + H_2O$$

硝酸铵与重过磷酸钙（或过磷酸钙）中游离酸发生化学反应：

$$NH_4NO_3 + H_3PO_4 \rightarrow NH_4H_2PO_4 + HNO_3$$

第一个反应生成的硝酸钙和硝酸铵的混合物具有很强的吸湿性，肥料的性质发生恶化。第二个反应生成的硝酸易挥发或易分解而造成氮损失。故硝酸铵与重过磷酸钙（或过磷酸钙）混配时应注意混配条件和混配比例。

（5）综合系列

硫酸铵、磷酸盐与硝酸铵混合：当硝酸铵与磷酸一铵混配时，两者可以和谐共存，不论采用团粒法、料浆法和熔融法制造氮磷或氮磷钾颗粒肥料，均能取得良好效果。硫酸铵与硝酸铵混配时，发生下列化学反应：

$$(NH_4)_2SO_4 + 2NH_4NO_3 \rightarrow 2NH_4NO_3 \cdot (NH_4)_2SO_4$$

可见，硫酸铵与硝酸铵混配得到 $2NH_4NO_3 \cdot (NH_4)_2SO_4$ 物料，这种物料在干燥过程中会受热分解成为硝酸铵和硫酸铵，冷却后又还原成 $2NH_4NO_3 \cdot (NH_4)_2SO_4$，这样容易引起产品粉化和结块。生产上可以采取控制 NO_3^-/SO_4^{2-} 配比不小于 2.5、降低干燥温度以及增加物料在冷却器的停留时间等办法，来防止粉化和结块。

一般来说，由两种以上肥料组成混合物的临界相对湿度比单质肥料的临界相对湿度要低，即比较容易吸水，因而复合肥料选择原料肥时，力求混合物的临界相对湿度尽可能高一些。常用原料肥料及混合物的临界相对湿度如图 14-3 所示。

图 14-3 肥料混合物的临界相对湿度（单位：%）

尿素和硝酸铵与钾盐混合：盐类的混合效应最引人注目的是硝酸铵和尿素，其混合物的临界相对湿度非常低，只有 18.1%。因此在粉状干法混合造粒中应尽量避免这两种肥料同时配用。图 14-3 中其他肥料和这两种肥料配伍也要根据条件来进行。

制造三元复合肥料，若同时用尿素和硝酸铵，可以先用氯化钾或硫酸钾进行混合预处理：

$$NH_4NO_3+KCl \rightarrow NH_4Cl+KNO_3$$

$$2NH_4NO_3+K_2SO_4 \rightarrow (NH_4)_2SO_4+2KNO_3$$

在贮罐中反应大致完毕后再和尿素、磷肥（磷酸一铵、磷酸二铵）混合进行配料。配方中硝酸铵的用量不得大于根据氯化钾或硫酸钾用量计算出来的硝酸铵化学比例用量。此时混合物中基本上是由尿素、氯化铵或硫酸铵、硝酸钾、磷酸一铵或磷酸二铵所组成的。改性后的临界相对湿度比尿素和硝铵混合物的高。

大部分肥料的临界相对湿度随着温度的升高而降低。氮肥中变化最大的是硝酸铵和硝酸钙，复合肥料也遵循这一规律。因此，烘干的热复合肥料必须立即冷却，以防止产品迅速吸潮而影响产品质量。

尿素、过磷酸钙与硫酸铵或磷酸铵、钾盐混合：在尿素和过磷酸钙中添加硫酸铵时，硫酸铵与磷酸一钙以及硫酸铵与无水石膏之间的反应都需要消耗水分。在使用钾盐时所生成的 $K_2SO_4 \cdot CaSO_4 \cdot H_2O$ 混合物消耗水分，足以使尿素与磷酸一钙和游离磷酸反应引起的问题得到解决。

在尿素和过磷酸钙配料中添加磷酸铵时，可以使用磷酸二铵或以磷酸和氨的形式加入，控制它们的用量，使之足够与过磷酸钙中的游离磷酸反应生成磷酸一铵。如果添加磷酸，氨的用量同样应限制到只够中和磷酸到磷酸一铵以及过磷酸钙中的游离酸。

尿素、重过磷酸钙与硫酸铵或磷酸铵、钾盐混合：在尿素和重过磷酸钙中添加硫酸铵或磷酸铵，在采用重过磷酸钙与尿素造粒时，比用过磷酸钙更难控制。要生产具有良好造粒性能和较高水溶性磷的产品，如前所述，必须补充适量硫酸铵。此外，最好将重过磷酸钙中的游离酸中和掉。使用钙镁磷肥中和重过磷酸钙中的游离酸，可以阻止尿素磷酸盐加成反应，使复合肥料的物性得到改善，颗粒强度增强。钙镁磷肥与尿素相溶，与重过磷酸钙掺混时的反应如下：

$$CaO（熔融钙镁磷肥中的）+H_3PO_4+H_2O \rightarrow CaHPO_4 \cdot 2H_2O$$

$$CaO（熔融钙镁磷肥中的）+Ca(H_2PO_4)_2 \cdot H_2O+2H_2O \rightarrow 2CaHPO_4 \cdot 2H_2O$$

由反应式可知，中和反应除中和磷酸生成磷酸二钙外，也使磷酸一钙中的水溶性磷转变成枸溶性。因此，钙镁磷肥的加入量应控制在使之仅将游离酸中和掉，以免水溶性磷降低过多。

14.3.2.4　合理添加微量元素

复合肥料中是否必须加入微量元素，当前一般都缺乏严格的田间试验数据。《复合肥料》（GB/T 15063—2020）中要求，单一微量元素若标识添加，其含量应不低于0.02%。由于微量元素肥料价格较高，肥效不稳定，因此，可采用按作物类型确定敏感的1~2种微量元素，再按土壤测定和田间试验结果按需添加。根据不充分时，一般不配入微量元素，切不可"十全大补"式添加，必要时可考虑叶面补充，盲目施用含微量元素的复合肥料，易造成作物中毒，直接影响作物的产量和品质，还会造成资源浪费。

14.3.3　配方计算

在复合肥料生产过程中，经常会碰到配料计算问题。在计算前就对各种基础肥料进行化学分析，包括N、P_2O_5、K_2O和游离水分等成分，以便制得符合国家标准的产品。计算基础肥料配料的方法有三角形图解法、解析法、干物料平衡法和基准化计算法等。本书根据解析法和干物料平衡法制做出一种简单的估算表格（图14-4），扫描图中二维码可获取并下载电子表格。此表可根据配方估算物料添加量，也可用于估算基础原材料投入成本。

物料估算（氯化铵、氯化钾）

N-P_2O_5-K_2O	28	6	6	高氯
原料组成与比例	原料名称	有效成分	含量/%	原料比例/(kg/t)
	氯化铵	NH_3	25	411
		Cl	63	259
	磷酸铵	P_2O_5	44	136
		NH_3	11	15
	氯化钾	K_2O	60	100
		Cl	47	47
	添料			353

当添料为负数时，说明氮不够，需要将添料换成含氮高的肥料，补足氮，并且将X系数换成氮含量如尿素是0.46。

添料
尿素

0.46

（扫描可下载物料估算Excel文件）

图14-4　物料估算（示例）

第15章

钙、镁、硫肥料

15.1 钙肥

凡是能提供钙养分的钙化合物都可以称为钙肥。实际生产中钙是很多常用化肥的副成分（表 15-1）。在国内肥料品种划分上，将这些同时含有氮、磷、钾元素的含钙肥料，分别归属于氮肥、磷肥、钾肥。施用这些肥料的同时也补充了钙元素。

表 15-1 几种含钙肥料的含量及形态

名称	Ca/%	钙的分子式
硝酸钙	17.0	$Ca(NO_3)_2$
碳酸钙	36~39	$CaCO_3$
石膏	23.3	$CaSO_4$
过磷酸钙	18~21	$Ca(H_2PO_4)_2 \cdot H_2O$、$CaSO_4$
重过磷酸钙	12~14	$Ca(H_2PO_4)_2 \cdot H_2O$
硝酸铵钙	18~19	$Ca(NO_3)_2 \cdot NH_4NO_3$
钙镁磷肥	20~24	$\alpha\text{-}Ca_3(PO_4)_2$、$CaSiO_3$
氯化钙	36.0	$CaCl_2$
钙螯合物	10.0	EDTA-Ca

通常植物对钙的需求量仅次于氮、钾，然而植物子叶中的钙含量为 0.1%~5%（干重），差异巨大。大多数单子叶植物是嫌钙的，并能在叶组织含钙 0.15%~0.5% 时长势良好。很多双子叶植物是钙生植物，并且需要叶片中含 1%~3% 的钙才能良好生长。

随着农业的快速发展，种植果树、蔬菜及有关经济作物的增多，钙肥的施用也日益受到重视，传统含钙肥料多用于改良土壤，而随着国内外对 Ca^{2+} 在果蔬采后生理中作用的深入研究与认识，钙已不再认为是单纯的矿质元素，而是作为一种调节物质广泛应用于果蔬采后贮藏保鲜上，以抑制呼吸强度、降低乙烯释放量、延缓果实软化、增强果蔬抗病能力等。

15.2 镁肥

缺镁比缺钙更常见。当前随着复种指数的提高及作物产量的增加、高浓度复合肥料的大量施用以及农家肥使用量的减少，农作物的镁缺乏症状日益加重，施用镁肥的增产效果越来越明显，对镁肥的需求也不断增加，尤其是在降水量多的酸性土壤中。

各种作物对镁的需求不同，一般果树、豆科作物、块根块茎作物、烟草、甜菜等对镁的需求量多于禾谷类作物；果菜类和根菜类作物多于叶菜类作物。镁对柑橘、葡萄、蔬菜、薯类、甘蔗、烟草、油棕、甜菜、多年生牧草、橡胶和油橄榄等作物具有良好的增产效果，应重视这些作物镁肥的施用。

含镁肥料按其溶解度可分为水溶性和微溶性两类（表 15-2）。

表 15-2　几种含镁肥料的含量、形态和性质

名称	Mg/%	分子式	主要性质
硫酸镁	9.9	$MgSO_4 \cdot 7H_2O$	酸性，溶于水
硝酸镁	15.7	$Mg(NO_3)_2 \cdot 6H_2O$	酸性，溶于水
氯化镁	25	$MgCl_2$	酸性，溶于水
含钾硫酸镁	8	$2MgSO_4 \cdot K_2SO_4$	碱性，溶于水
氯化钾镁肥	19.92	$KCl \cdot MgSO_4$	酸性，溶于水
镁螯合物	2.5~4	EDTA-Mg	酸性，溶于水
钙镁磷肥	5~12	$MgSiO_3$	碱性，微溶于水

镁肥可作基肥、追肥和根外追肥施用。水溶性镁肥宜作追肥，微溶性镁肥则宜作基肥。由于镁营养的临界期在生长前期（例如小麦的拔节期和开花期），所以在作物生育早期追施效果较好。镁肥叶面喷施见效快，如矫正缺镁症状需连续喷施多次。叶面喷施可避免镁与土壤阳离子拮抗，减少镁淋洗损失，提高镁肥吸收利用效率。

施用镁肥时还应考虑土壤性质，强酸性土壤施用钙镁磷肥等微溶性镁肥作基肥效果好，既能增加溶解度，提高镁的有效性，又能中和土壤的酸性，消除 H^+、Al^{3+}、Mn^{2+} 毒害。而对弱酸性和中性土壤施用硫酸镁等水溶性镁肥效果好。

15.3 土壤中钙镁的循环

钙和镁是大多数土壤的可交换成分中含量最丰富的两种元素，以可交换性和可风化性形式存在，它们通过在中和土壤和水酸化过程中的重要作用影响生态系统。植物吸收的钙主要来源于交换性钙和风化矿物中的钙，而大多数土壤中的植物有效性镁的主要来源是黏粒-腐殖质复合体中的交换性镁库。植物吸收、大气沉降、风化、淋溶等组成钙、镁的循环（图15-1）。

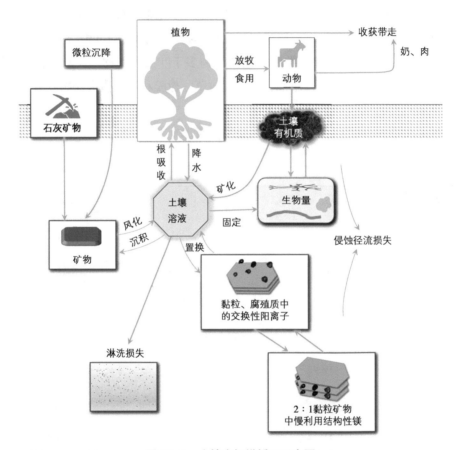

图 15-1   土壤中钙镁循环示意图

矩形区域代表这些元素不同形态的库，箭头代表元素从一个库向另一个库转化和运移的过程。

15.4 硫肥

硫的充足供应对植物健康生长非常重要。尽管相对于氮、磷、钾等元素，发生大面积缺硫的可能性较低，但随着作物吸收移除量的增加，如果没有补充，也需对缺硫引起警惕。在有些地区，尤其是一些半干旱草原，硫已经是除氮之外最重要的限制因子。

作物秸秆还田和施用农家肥虽可以补充被作物吸收带走的硫，但随着人们对硫环境效应的日益关注，世界各国纷纷通过法律法规对工业含硫废气的排放标准进行了严格控制，这可能导致作物缺硫现象的发生。在远离工厂的区域、低硫土壤、几乎不施硫的土壤中，要保持作物较高的产量和品质需要施入适当的硫肥。未来农业的施硫必要性将会增加。

常用的硫肥见表 15-3。现有硫肥可分为两类：一类为氧化型，如硫酸铵、硫酸钾、硫酸钙等；另一类为还原型，如硫黄、硫包衣尿素等。农用石膏可分为生石膏、熟石膏、磷石膏 3 种。

表 15-3 常见含硫肥料的成分

名称	S/%	分子式
生石膏	18.6	$CaSO_4 \cdot 2H_2O$
硫酸铵	24.2	$(NH_4)_2SO_4$
硫酸钾	17.6	K_2SO_4
硫酸镁	13.0	$MgSO_4$
硫硝酸铵	12.1	$(NH_4)_2SO_4 \cdot 2NH_4NO_3$
过磷酸钙	11.0	$Ca(H_2PO_4)_2 \cdot H_2O$、$CaSO_4$
硫酸锌	17.8	$ZnSO_4$
硫酸钾镁	14~18	$K_2SO_4 \cdot (MgSO_4)_m \cdot nH_2O$

15.4.1 生石膏

即普通石膏，俗称白石膏。它由石膏矿直接粉碎而成，呈粉末状，主要成分为 $CaSO_4 \cdot 2H_2O$。微溶于水。粒细，有利于溶解，供硫能力和改土效果也较好。通常以通过 60 号筛孔的为宜。

还有一种天然的青石膏矿石，俗称青石膏，粉碎过 90 号筛即可用，$CaSO_4 \cdot 2H_2O$ 含量 ≥ 55%，CaO 含量为 20.7%~21.9%，还含有铁、铝、镁、钾及锌、铜、锰、钼等，可用作水稻肥料。

15.4.2　熟石膏

由生石膏加热脱水而成，主要成分为 $CaSO_4 \cdot 1/2H_2O$，含硫（S）20.7%。吸湿性强，吸水后又变为生石膏，物理性质变差，施用不便。宜贮存在干燥处。

15.4.3　磷石膏

磷石膏是硫酸分解磷矿石制取磷酸后的残渣，是生产磷酸铵的副产品，主要成分为 $CaSO_4 \cdot 2H_2O$，约占 64%。其成分因产地而异，一般含硫（S）11.9%、磷（P_2O_5）0.7%~4.6%，可代替石膏使用。

第16章

微量元素肥料

微量元素肥料（简称微肥），是指作物正常生长发育所必需的那些微量元素，通过工业加工过程所制成的，在农业生产中作为肥料施用的化工产品，如硫酸锌、硫酸锰、硫酸铜、钼酸铵、硼砂和硼酸、硫酸亚铁等。微量元素肥料还包括其他含微量元素的工业废渣、废液等。微肥的种类除了包括目前公认的、作物必需的营养元素外，有时也拓宽到一些有益元素，在必要时也以肥料形式施用。

16.1 微量元素肥料的种类与品种

微肥种类繁多，目前没有统一分类标准。按所含微量元素种类分，则可分为硼肥、锌肥、锰肥、铁肥、铜肥和钼肥等；按化合物类型，则可分为有机配合微肥、无机微肥；按营养组成多少分，则可分为单质微肥、复混微肥等。习惯上多按所含元素分类。在名称上往往多种分法同时混用或直接用化合物名称。现按元素种类将主要微肥的品种及主要性质做简要介绍（表16-1）。

表 16-1 微量元素肥料的名称、成分、含量及主要性质

肥料名称	主要成分和相应元素含量		主要性质
硼肥			
硼砂	$Na_2B_4O_7 \cdot 10H_2O$	B，11%	白色结晶体或粉末，易溶于热水，为常用硼肥
硼酸	H_3BO_3	B，17%	白色结晶体或粉末，易溶于水，为常用硼肥
硼泥	B、Mg、Ca、Fe	B，0.68%~0.58%	为工业下脚料，可直接用，也可作微肥原料
硼镁肥	B、Mg	B，0.95%~1.5% Mg，35%	成分和含量依制法而异，碱性，含水溶性硼，一般为0.17%，可达1.20%~1.55%
硼镁磷肥	B、Mg、P、Ca	B，0.124% Mg，2.4% P_2O_5，6%~14%	即含硼过磷酸钙，硼泥加量过大会导致磷的有效性降低

165

（续表）

肥料名称	主要成分和相应元素含量		主要性质
硼磷铵	B、P、N	B，0.04%~0.10% P_2O_5，42%~46% N，12%~18%	即含硼磷酸铵，淡黄色、灰绿色或褐色颗粒（1~6 mm），含水 1.0%~2.5%，养分以湿基计算
		锌肥	
硫酸锌	$ZnSO_4 \cdot 7H_2O$	Zn，23%	无色结晶粉末，易溶于水，为常用锌肥，农用品 Zn ≥ 21.8%
	$ZnSO_4 \cdot H_2O$	Zn，35%	白色粉末，易溶于水，为常用锌肥，农用品 Zn ≥ 35.0%
氧化锌	ZnO	Zn，78%~80%	白色粉末，溶于酸、碱，多作锌肥原料
氯化锌	$ZnCl_2$	Zn，46%~48%	白色粉末，易溶于水
硝酸锌	$ZnNO_3$	Zn，21.5% N，9.2%	无色结晶体，易潮解，与有机物接触能燃烧、爆炸
锌氮肥	Zn，N	Zn，13% N，>6%	
有机配合锌	EDTA-Zn	Zn，14.2%（粉剂）	易溶于水
		锰肥	
硫酸锰	$MnSO_4 \cdot H_2O$	Mn，31%	白色或淡红色结晶体，易溶于水，Mn 含量随含水量与等级而异，为常用锰肥
氧化锰	MnO	Mn，62%	草绿色或灰绿色粉末，不溶于水而溶于酸
氯化锰	$MnCl_2 \cdot 4H_2O$	Mn，27%	玫瑰色结晶体，易溶于水
碳酸锰	$MnCO_3$	Mn，43%~44%	白棕色粉末，稍溶于含 CO_2 的水中
硫酸铵锰	$MnSO_4 \cdot (NH_4)_2SO_4$	Mn，26% N，4.4%	淡红色粉末，易溶于水
有机配合锰	EDTA-Mn	Mn，12%	易溶于水
		钼肥	
钼酸铵	$(NH_4)_6Mo_7O_{24} \cdot 4H_2O$	Mo，54%	无色或淡黄色结晶体，溶于水，为常用钼肥
钼酸钠	$NaMoO_4 \cdot 2H_2O$	Mo，39%	白色粉末，溶于水，为常用钼肥
三氧化钼	MoO_3	Mo，66.6%	白色粉末，不溶于水，一水三氧化钼或二水氧化钼均溶于水

（续表）

肥料名称	主要成分和相应元素含量		主要性质
		铜肥	
硫酸铜	$CuSO_4 \cdot 5H_2O$	Cu, 24%~25%	蓝色或蓝绿色结晶体，无结晶水的为白色粉末，溶于水，为常用铜肥
氧化铜	CuO	Cu, 78.3%	黑色粉末，不溶于水
有机配合铜 EDTA-Cu		Cu, 8%~13%	溶于水
		铁肥	
硫酸亚铁	$FeSO_4 \cdot 7H_2O$	Fe, 18.5%~19.3%	蓝绿色结晶体，易溶于水，为常用铁肥
硫酸亚铁铵	$FeSO_4 \cdot (NH_4)_2SO_4 \cdot 6H_2O$	Fe, 14%	淡蓝绿色结晶体，易溶于水
有机配合铁 EDTA-Fe		Fe, 5%	易溶于水
	DTPA-Fe	Fe, 10%	易溶于水
	EDDHA-Fe	Fe, 6%	易溶于水

16.2　微量元素肥料在土壤中的转化

　　土壤中的微量元素，无论是经过自然环境的变化（如矿物风化与成土过程等），作为土壤组成部分残留下来的，还是由于人类的生产与生活活动而加入的，都在不断地转化着，即一方面在农田生态系统中循环着（图 16-1），另一方面又参与土壤中发生的物理、化学、生物化学的反应过程。

　　作为肥料施入土壤的微量元素，在土壤－植物－微生物系统中循环着。植物根系从土壤溶液中吸收营养离子组成植物体，其中的一部分以收获物形式脱离该体系；其余部分以有机残体的形式进入或留在土中，经过微生物分解，重新进入土壤溶液。分解残体的同时，微生物体也吸收了所需的微量元素，进入生物量中；由于微生物的世代交替频繁，生物量中的微量元素会被较快地释放到土壤溶液中。可见，即使是水溶性的微肥，施入土壤后，并不总以离子形式存在于土壤溶液中，这里所讲的农田生态系统中的微量元素循环本身就意味着参与了土壤中的生物化学反应，以生物（包括植物和微生物）的固定与分解的方式在转化着。

　　尽管不是所有的微量元素均按图 16-1 所示的每条途径进行转化，但多数可参与到循环的主要部分。螯合物的形成将这些元素的大部分保持为可溶形式，这是该循环的一个独特特征。

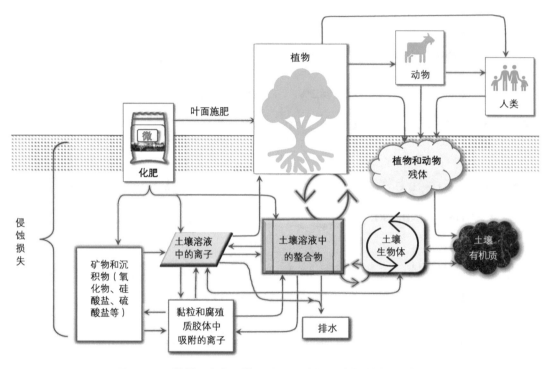

图 16-1 微量元素在土壤 - 植物 - 动物系统中的循环示意图

16.3 作物对微量元素的敏感程度

作物对微量元素缺乏反应的程度因种类与品种不同而异，有的极敏感，有的耐受力很强，也有的一般。对一种微量营养元素缺乏最敏感的植物通常对该元素有相对较高的需求，并且对可能导致其他植物中毒的含量水平都有相对强的耐受力。

相同土壤中，在一些植物中发生的某种微量营养元素的缺素症状，在其他植物中可能并不会发生。不同植物及其不同品种对微量元素缺乏和中毒的敏感性存在很大的差异。表16-2 展示了几种对微量元素缺乏易受 / 耐受影响的植物种类。

有些时候轮作可以解决土壤对连茬作物微量元素持续供给不足的问题，但作物对微量元素需求的巨大差异使后茬轮作作物如何合理施用商品肥料变得困难。在农田中，一般蔬菜与粮食和牧草 / 绿肥作物轮作。如果硼肥对蔬菜作物如甜菜，甚至对苜蓿是足量的，轮作中种植粮食作物则可能受硼毒害。这些事实都强调了鉴定作物营养需求特异性和关注满足这些需求的必要性，所以微肥切不可"十全大补"式施用。

表 16-2　对微量营养元素易受 / 耐受影响的植物种类及易导致其发生的土壤条件

微量营养元素	土壤施用推荐用量 /（kg/hm²）	最常见缺乏植物（高需要量或吸收效率低）	极少缺乏植物（低需要量或吸收效率高）	与常缺乏相联系的土壤条件
铁	0.5~10.0	蓝莓、杜鹃花、玫瑰、冬青、葡萄、坚果树、枫树、大豆、高粱	小麦、苜蓿、向日葵、棉花	钙质、高 pH 值、浸水的碱性土壤
锰	2~20	豌豆、燕麦、苹果、甜菜、柑橘属	棉花、大豆、水稻、小麦	钙质、高 pH 值、排干的湿地、低有机质的砂性土
锌	0.5~20	玉米、洋葱、松树、大豆、胡桃、稻、桃、葡萄	胡萝卜、芦笋、红花、豌豆、燕麦、十字花科、禾本科	钙质土壤、酸砂性土壤、供磷量高的土壤
铜	0.5~15	玉米、小麦、洋葱、柑橘属、生菜、胡萝卜	黄豆、马铃薯、豌豆、牧草、松树	有机土、极酸砂性土壤
硼	0.5~5	苜蓿、花椰菜、芹菜、葡萄、松柏类、苹果、花生、甜菜、油菜籽、松树	大麦、玉米、洋葱、蓝莓、马铃薯、大豆	低有机质、酸砂性土、近期施用石灰土壤、干旱土壤、富 2∶1 黏粒土壤
钼	0.05~0.5	苜蓿、十字花科（花椰菜、卷心菜等）、柑橘属、大多数豆类	大多数禾本科	酸砂性土壤、强风化且含无定形铁铝的土壤

　　在采用土壤施用方式补充微量营养元素时，撒施比集中施用需要更多的肥料投入量，但肥效期相对较长。如果是喷施在植物叶片上，则相对用量较少，但叶面喷施需要在当季作物上重复进行，以满足作物对微量营养元素的需求。

16.4　一些肥料中的微量元素含量

　　在多数植物残体得以还田，以及动物粪肥、有机废弃物、商品有机肥等定期施用的土壤中，相对不太容易出现微量营养元素的缺乏现象。常规用量的以动物粪便和植物残渣为原料的有机肥在供应充足时，除提供大中量元素外，也为土壤带入了足够的铜、锌、铁和锰等植物生长必需的绝大部分微量营养元素（表 16-3）。此外，粪肥产生的螯合物也提高了这些营养元素的有效性。尽管如此，克服微量元素缺乏症的最常见的管理措施仍是施用商品微肥。

表 16-3 一些有机肥料中的微量元素含量 单位: mg/kg

肥料种类		硼	钼	锌	铜	锰	铁
牛粪	总量	22.8	3.7	187	16.3	355	1 592
	有效量	2.7	—	11.9	3.4	62.9	69.3
猪粪	总量	21.7	3.0	199	50.0	291	1 845
	有效量	2.6	—	16.2	9.0	55.5	26
鸡粪	总量	24.0	4.2	130	13.0	143	1 901
	有效量	3.0	—	29.0	3.3	14.9	29.3
羊粪	总量	30.8	3.4	146	23.0	172	1 921
	有效量	5.0	—	32.2	5.0	19.0	19.2
沼渣肥		3.28	0.10	26.5	10.2	117.2	1.37
沼液肥		0.49	0.01	17.8	5.9	49.6	387
药渣		30.6	1.10	65.4	19.1	196.3	30.6
醋渣		5.77	2.01	78.2	31.0	27.5	364
花生饼（风干）		25.4	0.68	64.3	14.9	39.5	392
大豆饼（风干）		28.0	0.68	84.9	16.0	73.7	400

第 17 章

其他肥料

17.1 缓释肥料

通过养分的化学复合或物理作用，使其对作物的有效态养分随着时间而缓慢释放的化学肥料。缓释肥料产品应符合《缓释肥料》（GB/T 23348—2009）中规定的指标要求，见表 17-1。同时应符合包装标明值的要求。《缓释肥料》（GB/T 23348—2009）适用于氮肥、复合肥料、掺混肥料（BB 肥）等产品的所有颗粒或部分颗粒经特定工艺加工而成的缓释肥料。此标准不适用于硫包衣尿素、脲醛缓释肥料、稳定性肥料。

除表 17-1 中的指标外，其他指标应符合相应的产品标准规定，如复合肥料、掺混肥料中的氯离子含量、尿素中的缩二脲含量等。

截至 2020 年，已经获得肥料登记证的缓释肥料共有 31 个产品，其中 2 个复合养分缓释肥料，其余 29 个为氮缓释肥料。登记的产品主要适用在玉米上，有 27 个。除玉米外，还有适用于水稻、小麦、棉花、芹菜、石斛的产品，登记数量各有 1~2 个。

原材料选用方面，在登记的产品中氮素原料均是尿素；在选用添加的特殊材料上，有 11 个产品添加异氰酸酯，占登记产品的 35%；选用硫黄、石蜡等作为特殊添加材料的有 5 个产品（硫包衣尿素），选用聚乙烯、聚丙烯作为特殊添加材料的有 4 个产品。

养分释放期方面，累积氮养分释放率 ≥ 80% 的养分释放期，不超出 60 d 的产品共 8 个，60~90 d 的有 21 个，大于 90 d 的产品共 2 个，最长氮累积养分释放率 ≥ 80% 的养分释放期为 150 d。

表 17-1 缓释肥料的技术指标要求

项目	指标	
	高浓度	中浓度
总养分（$N+P_2O_5+K_2O$）的质量分数 [a, b]/%	≥ 40.0	≥ 30.0
水溶性磷占有效磷的质量分数 [c]/%	≥ 60	≥ 50

（续表）

项目	指标	
	高浓度	中浓度
水分（H_2O）的质量分数 /%	≤ 2.0	≤ 2.5
粒度（1.00~4.75 mm 或 3.35~5.60 mm）/%	≥ 90	
养分释放期 d/ 月	标明值	
初期养分释放率 e/%	≤ 15	
28 d 累积养分释放率 e/%	≤ 80	
养分释放期的累积养分释放率 e/%	≥ 80	

注：a 总养分可以是氮、磷、钾3种或2种之和，也可以是氮和钾中的任何一种。

　　b 三元或二元缓释肥料的单一养分含量不得低于4.0%。

　　c 以钙镁磷肥等枸溶性磷肥为基础磷肥并在包装袋上注明为"枸溶性磷"的产品，未标明磷含量的产品、缓释氮肥以及缓释钾肥，"水溶性磷占有效磷的质量分数"这一指标不做检验和判定。

　　d 应以单一数值标注养分释放期，其允许差为25%。如标明值为6个月，累积养分释放率达到80%的时间允许范围为（180±45）d，如标明值为3个月，累积养分释放率达到80%的时间允许范围为（90±23）d。

　　e 三元或二元缓释肥料的养分释放率用总氮释放率来表征；对于不含氮的缓释肥料，其养分释放率用钾释放来表征。

17.2 脲醛缓释肥料

　　由尿素和醛类在一定条件下反应制得的含有或部分含有有机微溶性氮缓释肥料。为适应我国脲醛缓释肥料生产发展的形式，我国颁布了脲醛缓释肥料的国家标准《脲醛缓释肥料》（GB/T 34763—2017），于2018年5月1日实施。此标准适用于脲醛缓释氮肥、脲醛缓释复合肥料、脲醛缓释掺混肥料。

17.2.1 产品要求

　　《脲醛缓释肥料》（GB/T 34763—2017）所涉及的缓释氮形式有脲甲醛（UF/MU）、异丁烯叉二脲（IBDU）和丁烯叉二脲（CDU）。脲甲醛（UF/MU）产品应符合表 17-2 的要求和包装标明值；异丁烯叉二脲（IBDU）和丁烯叉二脲（CDU）应符合表 17-3 的要求和包装标明值；此标准还规定了脲醛缓释氮肥、脲醛缓释复合肥料和脲醛缓释掺混肥料的技术指标（表 17-4）。

表 17-2 脲甲醛（UF/MU）的技术指标要求

项目	指标
总氮（TN）的质量分数 /%	≥ 36.0
尿素氮（UN）的质量分数 /%	≤ 5.0
热水溶解氮（HWSN）占总氮的百分率 /%	≥ 60
活性系数（AI）/%	≥ 40
水分（H_2O）的质量分数 [a]/%	≤ 3.0
粒度（1.00~4.75 mm 或 3.35~5.60 mm）[b]/%	≥ 90

注：a 粉状产品，水分（H_2O）的质量分数≤5.0%。

b 粉状产品，粒度不做要求。特殊形状或更大颗粒（粉状除外）产品的粒度可由供需双方协议确定。

表 17-3 异丁烯叉二脲（IBDU）和丁烯叉二脲（CDU）的技术指标要求

项目	指标
总氮（TN）的质量分数 /%	≥ 28.0
尿素氮（UN）的质量分数 /%	≤ 3.0
来自 IBDU 或 CDU 氮的质量分数（以 CWIN 计）/%	≥ 25.0
水分（H_2O）的质量分数 [a]/%	≤ 3.0
粒度（1.00~4.75 mm 或 3.35~5.60 mm）[b]/%	≥ 90

注：a 粉状产品，水分（H_2O）的质量分数≤5.0%。

b 粉状产品，粒度不做要求。特殊形状或更大颗粒（粉状除外）产品的粒度可由供需双方协议确定。

表 17-4 脲醛缓释氮肥、脲醛缓释复合肥料、脲醛缓释掺混肥料的技术指标要求

项目	指标
缓释有效氮的质量分数（脲醛缓释氮肥以冷水不溶性氮 CWIN 计，脲醛缓释复合肥料以脲醛氮 UFN 计，脲醛缓释掺混肥料以冷水不溶性氮 CWIN 计）[a]/%	标明值
总氮（TN）的质量分数 [b]/%	≥ 18.0
中量元素单一养分的质量分数（以单质计）[c]/%	≥ 2.0
微量元素单一养分的质量分数（以单质计）[d]/%	≥ 0.02

注：a 脲醛缓释氮肥缓释有效氮（以冷水不溶性氮CWIN计）应不小于4.0%；脲醛缓释复合肥料缓释有效氮（以脲醛氮UFN计）应不小于2.0%，脲醛缓释掺混肥料缓释有效氮（以冷水不溶性氮CWIN计）应不小于2.0%。冷水不溶性氮CWIN应注明缓释氮的形式，如脲甲醛（UF/MU）、异丁烯叉二脲（IBDU）和丁烯叉二脲（CDU）。

b 该项目仅适用于脲醛缓释氮肥。

c 包装容器标明含有钙、镁、硫时检测该项指标。

d 包装容器标明含有铜、铁、锰、锌、硼、钼时检测该项指标。

17.2.2　施入土壤后的反应

这类肥料是以尿素为主体与适量醛类反应生成的微溶性聚合物。施入土壤后经化学反应或在微生物作用下，逐步水解释放出氨素，供作物吸收。

脲甲醛施入土壤后，主要在微生物作用下水解为甲醛和尿素，尿素进一步水解为二氧化碳和氨供植物吸收利用，而甲醛则留在土壤中，在它未挥发或分解之前，对作物和微生物生长均有副作用。当尿素与甲醛的摩尔比为 1.2~1.5、土壤酸性反应、土温 ≥ 15 ℃ 时，氨素活度指数增加，则分解加快。

脲甲醛可作基肥一次性施用，施用于小麦、棉花、谷子、玉米等时，脲甲醛的当季肥效低于尿素、硫酸铵。因此，施用于生长期较短的作物时，必须配合施用速效氮肥，以免作物前期因氮素供给不足而生长不良。

丁烯叉二脲（CDU）又名脲乙醛，在土壤中的溶解度与土壤温度和 pH 值有关，随着温度升高和酸度的增大，其溶解度增大。因此，适用于酸性土壤。脲乙醛施入土壤后，分解为尿素和 β- 羟基丁醛，尿素经水解或少量被植物吸收利用，而 β- 羟基丁醛则分解为二氧化碳和水，无毒素残留。

脲乙醛可作基肥一次性大量施用。当土温为 20 ℃ 时，脲乙醛施入土壤 70 d 后有比较稳定的有效氮释放率，因此，施于牧草或观赏草坪肥效较好。如用于速生型作物，应配合速效氮肥施用。

异丁烯叉二脲（IBDU）又名脲异丁醛，施入土壤后，在微生物作用下可水解为异丁醛与尿素。异丁烯叉二脲具有生产原料廉价易得、无残毒的特点，是稻田良好的氮源，其肥效相当于等氮量水溶性氮肥的 104%~125%，可与尿素、磷酸二铵、氯化钾等化肥混施，因而是一种物美价廉的缓释氮肥。

17.3　稳定性肥料

经过一定工艺加入脲酶抑制剂和（或）硝化抑制剂，施入土壤后能通过脲酶抑制剂抑制尿素的水解，和（或）通过硝化抑制剂抑制铵态氮的硝化，使肥效期得到延长的一类含氮肥料（包括含氮的二元或三元肥料和单质氮肥）。

脲酶抑制剂指在一段时间内通过抑制土壤脲酶的活性，从而减缓尿素水解的一类物质，如正丁基硫代磷酰三胺（NBPT）、正丙基硫代磷酰三胺（NPPT）。

硝化抑制剂指在一段时间内通过抑制亚硝化单胞菌属活性，从而减缓铵态氮向硝态氮转化的一类物质。目前主流工业化的硝化抑制剂主要有 3 种：2- 氯 -6- 三氯甲基吡啶（又称氮吡啶，代号为 CP）、双氰胺（代号为 DCD）、3，4- 二甲基吡唑磷酸盐（代号为 DMPP）。

目前，已经获得肥料登记证的肥料增效剂产品有：2- 氯 -6- 三氯甲基吡啶（CP），与铵态氮、酰胺态氮肥料限量混施；3，4- 二甲基吡唑磷酸盐（DMPP），与铵态氮、酰胺态氮肥料限量混施；正丁基硫代磷酰三胺（NBPT）、正丙基硫代磷酰三胺（NPPT），与酰胺态氮肥料限量混施。

稳定性肥料产品应符合《稳定性肥料》（GB/T 35113—2017）的要求，见表 17-5，同时应符合包装容器上标明值及相应的基础肥料标准要求。

表 17-5　稳定性肥料的技术指标要求

项目	稳定性肥料 I 型（仅含脲酶抑制剂）	稳定性肥料 II 型（仅含硝化抑制剂）	稳定性肥料 III 型（同时含有两种抑制剂）
尿素残留差异率 /%	≥ 25	不做要求	≥ 25
硝化抑制率 /%	不做要求	≥ 6	≥ 6

17.4　硫包衣尿素

由硫黄包裹颗粒尿素制成的一种包衣缓释肥料。《硫包衣尿素》（GB/T 29401—2020）适用于使用以硫黄为主要包裹材料对颗粒尿素进行包裹，实现对氮的缓慢释放的硫包衣尿素缓释肥料，包括但不限于硫包衣尿素、硫衣尿素、硫包尿素、涂硫尿素、包硫尿素等；也适用于硫包衣缓释氮肥、硫包衣缓释复合肥料和含有部分硫包衣尿素的缓释掺混肥料。此类产品应符合表 17-6 和包装容器上标明值的要求。

表 17-6　硫包衣尿素的技术指标要求

项目	指标			
	I 型	II 型	III 型	IV 型
总氮（以 N 计）/%	≥ 40.0	≥ 37.0	≥ 34.0	≥ 31.0
一天氮溶出率 /%	≤ 40	≤ 30	≤ 15	≤ 10
七天氮溶出率 /%	≤ 60	≤ 45	≤ 30	≤ 20
硫（以 S 计）/%	≥ 8.0	≥ 10.0	≥ 15.0	≥ 20.0
缩二脲 /%	≤ 1.2			
水分 /%	≤ 1.0			
粒度（2.00～4.75 mm 或 3.35～5.60 mm）/%	≥ 90			

硫包衣尿素（简称 SCU），是在尿素颗粒表面涂以硫黄，用石蜡作包衣。主要成分为尿素、硫黄、石蜡。

硫包衣尿素施入土壤后，在微生物作用下，包膜中的硫逐步氧化，颗粒分解而释放氮素。硫被氧化后，产生硫酸，从而导致土壤酸化。水稻田不宜大量施用硫包衣氮肥，适宜在缺硫土壤上施用。

硫包衣尿素的氮素释放速率与土壤微生物活性密切相关，一般低温、干旱时释放较慢，因此冬前施用应配施速效氮肥。

17.5 土壤调理剂

根据 2016 年中华人民共和国国家质量监督检验检疫总局和中国国家标准化管理委员会发布的《肥料和土壤调理剂　术语》（GB/T 6274—2016），加入土壤中用于改善土壤的物理和 / 或化学性质，及 / 或其生物活性的物料即为土壤调理剂。

近年来，我国商品化土壤调理剂的种类和数量均呈增加趋势，企业层面的研究和推广非常活跃，但因土壤调理剂成分复杂，种类繁多，目前产品尚无统一的国家标准 / 行业标准。此外，国外一些应用较为成熟的产品也进入国内市场。农业农村部肥料登记备案系统显示，截至 2021 年 6 月，获得国家行政审批的土壤调理剂产品达到了 200 多个。这些土壤调理剂产品的主要功能包括改良土壤结构、降低土壤盐碱危害、调节土壤酸碱度、改善土壤水分状况或修复污染土壤等。原料种类也比较繁杂，包括天然矿石（如石灰石、白云石、钾长石、磷矿石等）、贝壳类废弃物（如牡蛎壳）、工农业废弃物（如味精发酵尾液、蘑菇栽培基质）、人工合成聚合物（如月桂醇乙氧基硫酸铵、聚马来酸等）等。

根据目前获得国家行政审批的土壤调理剂产品的主要成分进行分类，可以分为无机矿物质类、含有机质类和高分子材料三大类。三大类产品登记数量占比见图 17-1。已登记产品中适用于酸性土壤的占全部登记产品的 76%，原材料来源于贝壳类的产品占 23%。

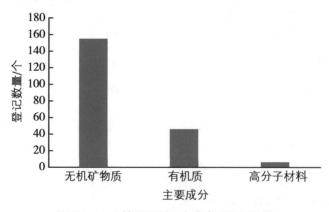

图 17-1　土壤调理剂三大类产品登记数量

　　土壤调理剂的功能主要是调节土壤酸碱度、改善土壤结构、提高养分供应能力、改善农作物 / 微生物生长的土壤环境。土壤调理剂需要与常规肥料共同施用，配合施用方案则需要根据当地土壤的质地、盐分、水肥条件及经济效益等因素，通过田间试验来确定。

参考文献

BRADY N C，WEIL R R，2019. 土壤学与生活[M]. 李保国，徐建明，译. 北京：科学出版社.

曹凤秋，刘国伟，王伟红，等，2009. 高等植物尿素代谢及运转的分子机制[J]. 植物学报，44（3）：273-282.

曹广富，2011. 工厂化堆肥原料和配方选择现状调查与分析[D]. 南京：南京农业大学.

曹小闯，吴良欢，马庆旭，等，2015. 高等植物对氨基酸态氮的吸收与利用研究进展[J]. 应用生态学报，26（3）：919-929.

陈凯，马敬，曹一平，1999. 磷亏缺下不同植物根系有机酸的分泌[J]. 中国农业大学学报，4（3）：58-62.

陈清，陈宏坤，2016. 水溶性肥料生产与施用[M]. 北京：中国农业出版社.

崔德杰，林志勇，2017. 新型肥料及其应用技术[M]. 北京：化学工业出版社.

崔晓阳，2007. 植物对有机氮源的利用及其在自然生态系统中的意义[J]. 生态学报，27（8）：3500-3512.

刁治民，魏克家，陈占全，等，2007. 农业微生物工程学[M]. 西宁：青海人民出版社.

甘晓玉，刘佩诗，黄瑜，等，2020. 安徽省有机肥生产调查研究[J]. 洛阳理工学院学报（自然科学版），30（2）：12-15.

高欢，2018. 亚低温对番茄幼苗钾吸收、转运及循环的影响[D]. 哈尔滨：东北农业大学.

郭然，丁燕，王新梅，等，2019. 大力发展硝基液体肥，开辟硝酸铵农用新路径[J]. 磷肥与复肥，34（1）：10-12.

郭丽琢，胡恒觉，2001. 植物体内钾循环与再循环的研究进展[J]. 甘肃农业大学学报，36（1）：1-7.

郭宪峰，刘育京，赵彀，等，2017. 猪粪原料生产商品有机肥技术方案与经济效益分析[J]. 农业机械（10）：93-96.

贺发云，尹斌，金雪霞，等，2005. 南京两种菜地土壤氨挥发的研究[J]. 土壤学报，42（2）：253-259.

胡霭堂，2003. 植物营养学（下册）[M]. 北京：中国农业大学出版社.

胡亚杰，韦建玉，卢健，等，2019. 枯草芽孢杆菌在农作物生产上的应用研究进展[J]. 作物研究，33（2）：167—172.

姜佰文，2013. 肥料加工技术与设备[M]. 北京：化学工业出版社.

孔健，2005. 农业微生物技术[M]. 北京：化学工业出版社.

李春俭，2008. 高级植物营养学[M]. 北京：中国农业大学出版社.

刘婷，尚忠林，2016. 植物对铵态氮的吸收转运调控机制研究进展[J]. 植物生理学报，52（6）：799-809.

陆景陵，2003. 植物营养学（上册）[M]. 北京：中国农业大学出版社.

马林，2004. 植物对氨基酸的吸收和利用[J]. 西南科技大学学报，19（1）：102-107.

苗艳芳，吕静霞，李生秀，等，2014. 铵态氮肥和硝态氮肥施入时期对小麦增产的影响[J]. 水土保持学报，28（4）：91-96.

MARSCTLNER H，2001. 高等植物的矿质营养[M]. 李春俭，等译. 北京：中国农业大学出版社.

莫良玉，2001. 高等植物氨基酸态氮营养效应研究[D]. 杭州：浙江大学.

莫良玉，吴良欢，陶勤南，等，2002. 高等植物对有机氮吸收与利用研究进展[J]. 生态学报，22（1）：118-124.

沈金雄，1991. 我国含氯肥料的研究与应用[J]. 湖北农业科学（11）：39-40.

石秋梅，李春俭，2003. 养分在植物体内循环的奥秘[J]. 植物杂志（4）：4-25.

史密斯A M，库普兰特G，多兰L，等，2012. 植物生物学[M]. 瞿礼嘉，顾红雅，刘敬婧，等译. 北京：科学出版社.

宋超，张立军，贾永光，等，2009. 植物的苹果酸代谢和转运[J]. 植物生理学通讯（5）：419-428.

宋勇生，范晓晖，林德喜，等，2004. 太湖地区稻田氨挥发及影响因素的研究[J]. 土壤学报，41（2）：265-269.

汪建飞，董彩霞，沈其荣，2007. 不同铵硝比对菠菜生长、安全和营养品质的影响[J]. 土壤学报，44（4）：683-688.

TAIZ L，ZEIGER E，2015. 植物生理学[M]. 宋纯鹏，王学路，周云，等译. 北京：科学出版社.

王本明，姜官恒，郎文培，等，2017. 植物饼渣液体有机肥生产关键技术研究进展[J]. 农学学报，7（12）：38-41.

王朝辉，田霄鸿，李生秀，等，1998. 蔬菜与小麦硝态氮累积的差异[J]. 干旱地区农业研究，16（3）：28-33.

王文颖，刘俊英，2009. 植物吸收利用有机氮营养研究进展[J]. 应用生态学报，20（5）：1223-1228.

王小宝，2013. 化肥生产工艺[M]. 北京：化学工业出版社.

吴良欢，陶勤南，2000. 水稻氨基酸态氮营养效应及其机理研究[J]. 土壤学报，37（4）：464-473.

谢玉明，易干军，张秋明，2003. 钙在果树生理代谢中的作用[J]. 果树学报，20（5）：369-373.

徐仁扣，2015. 土壤酸化及其调控研究进展[J]. 土壤，47（2）：238-244.

徐晓鹏，傅向东，廖红，2016. 植物铵态氮同化及其调控机制的研究进展[J]. 植物学报，51（2）：152-166.

杨革，2020. 微生物学[M]. 北京：化学工业出版社.

杨建峰，贺立源，2006. 缺磷诱导植物分泌低分子量有机酸的研究进展[J]. 安徽农业科学，34（20）：5171-5175.

杨青青，陆守昆，王红菊，等，2016. 小麦根系菲与磷吸收及转运的相互作用[J]. 生态毒理学报，11（3）：219-225.

翟玫，2016. 生物有机肥真假辨别[J]. 农村百事通（9）：47.

张波，黄勇，陈跃军，等，2017. 以牛粪为主原料的生物有机肥生产工艺研究[J]. 现代农业科技（1）：189.

张福锁，2016. 我国农田土壤酸化现状及影响[J]. 民主与科学（6）：26-27.

张宏彦，刘全清，张福锁，2009. 养分管理与农作物品质[M]. 北京. 中国农业出版社.

张钟先，1987. 磷素在土壤中的扩散规律[J]. 水土保持研究（6）：27-34.

赵秉强，袁亮，2020. 中国农业发展与肥料产业变革[J]. 肥料与健康，47（6）：1-3.

赵首萍，赵学强，施卫明，2007. 高等植物氮素吸收分子机理研究进展[J]. 土壤，39（2）：173-180.

周健民，沈仁芳，2013. 土壤学大辞典[M]. 北京：科学出版社.

朱兆良，文启孝，1992. 中国土壤氮素[M]. 南京：江苏科学技术出版社.

左广胜，徐振同，韩克敏，等，2003. 实用生物有机肥问答[M]. 北京：中国农业出版社.

DONG W T, ZHU Y Y, CHANG H Z, et al., 2020. An SHR–SCR module specifies legume cortical cell fate to enable nodulation [J]. Nature, 589（7843）：586-590.

EPSTEIN E, BLOOM A J, 2005. Mineral Nutrition of Plants：Principles and Perspectives [M]. 2nd ed. Sunderland Massachusetts, USA：Sinauer Associates Inc. Publishers.

FAN X H, SONG Y S, LIN D X, et al., 2005. Ammonia volatilization losses from urea applied to wheat on a paddy soil in Taihu Region, China [J]. Pedosphere, 15（1）：59-65.

GORDON W S, JACKSON R B, 2000. Nutrient concentrations in the roots [J]. Ecology, 81（1）：275-280.

KOYAMA H, KAWAMURA A, KIHARA T, et al., 2000. Overexperession of mitochondrial citrate synthase in Arabidopsis thaliana improved growth on a phosphors limited soil [J]. Plant and Cell physiology, 41：1030-1037.

SCHLESINGER W H, 1997. Biogeochemistry：An Analysis of Global Change [M]. 2nd Ed. San Diego：Academic Press.

附录一 肥料包装标识的识别

外包装标识不规范，虽然不属于产品内在质量问题，但《肥料标识 内容和要求》（GB 18382—2021）是强制性国家标准，必须严格执行。标识不规范，同属于不合格产品。

1.1 适用范围

《肥料标识 内容和要求》（GB 18382—2021）适用于国内销售的肥料，不适用于生产者按照合同为用户特制的不在市场流通的产品。

1.2 肥料包装上应当标识的信息

根据国标《肥料标识 内容和要求》（GB 18382—2021）的要求，肥料生产厂家应该在肥料包装上标注以下标识内容：

肥料名称及商标；肥料规格、等级和净含量；养分含量；肥料登记证号或备案号（实施肥料登记的产品）；生产许可证编号（实施生产许可管理的产品）；产品执行标准编号；其他添加物含量；限量物质及指标；生产者和 / 或经销者的名称、地址；生产日期或批号（国内肥）、进口合同号（进口肥）；使用说明；安全说明或警示说明。附录图 -1 举例说明了肥料包装上应当标识的内容与形式。

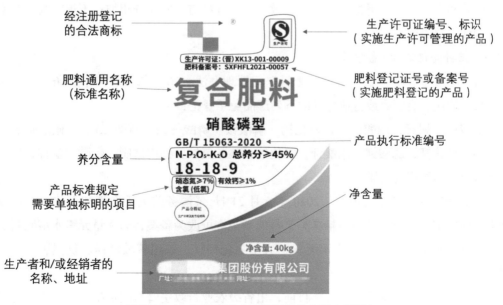

附录图 -1 肥料包装上应当标识的内容（示例）

注：使用说明、生产日期等要素一般以文字形式印刷在包装背面，也可用易于识别的电子标签标注。

1.3 肥料包装上标出信息的规范要求

1.3.1 肥料名称

（1）通用名称 ①执行国家标准、行业标准、地方标准的按标准规定的产品名称标注。②执行团体标准、企业标准的产品使用《肥料和土壤调理剂 分类》（GB/T 32741—2016）中按养分分类的名称或使用《肥料和土壤调理剂 术语》（GB/T 6274—2016）中按产品术语规定的产品名称。③需要肥料登记管理的产品按已取得的有效登记名称标注。

（2）商品名称 商品名称仅可在通用名称（标准名称）下以小于通用名称的字体予以标注。

1.3.2 养分含量

按照《肥料标识 内容和要求》（GB 18382—2021）强制性国家标准要求，可重点关注以下4个关键点。

一是养分含量计量方式。养分含量应以单一数值标明，固体产品用质量分数（%）计，液体产品用质量分数（%）或质量浓度（g/L）计；氮含量以 N 计，磷含量以 P_2O_5 计，钾含量以 K_2O 计，中量元素和微量元素以元素单质计。

二是总养分。总养分是指总氮、有效五氧化二磷和氧化钾含量之和，以质量分数计，不能用"总有效成分""总含量""总指标值"代替总养分。

三是配合式。按 $N-P_2O_5-K_2O$（总氮－有效五氧化二磷－氧化钾）顺序，用阿拉伯数字分别表示总氮、有效五氧化二磷和氧化钾的质量分数，如 15-20-0，即表示含总氮15%，有效五氧化二磷20%，而氧化钾含量为零。

四是两个不得。不得将中量元素、微量元素含量与主要养分相加；不得将其他元素或化合物计入总养分。

1.3.3 肥料登记证号/备案号

（1）免予登记的产品 根据《肥料登记管理办法》2022修订版第十三条规定，对经农田长期使用，有国家或行业标准的下列产品免予登记：

硫酸铵，尿素，硝酸铵，氰氨化钙，磷酸铵（磷酸一铵、磷酸二铵），硝酸磷肥，过磷酸钙，氯化钾，硫酸钾，硝酸钾，氯化铵，碳酸氢铵，钙镁磷肥，磷酸二氢钾，单一微量元素肥，高浓度复合肥。

（2）需取得备案号的产品 2020年9月21日，《国务院关于取消和下放一批行政许可事项的决定》发布，其中包括7类肥料的登记许可改为备案，即大量元素水溶肥料、中量元素水溶肥料、微量元素水溶肥料、农用氯化钾镁、农用硫酸钾镁、复混肥料、掺混肥料。

（3）需取得登记证号的产品 目前，由省级农业行政主管部门审批登记的产品主要是精制有机肥，其余由农业农村部审批登记，包括微生物菌剂、生物有机肥、复合微生物肥料、含腐植酸水溶肥料、土壤调理剂、有机物料腐熟剂、肥料增效剂等 30 类产品。

1.3.4　生产许可证编号

首先，《中华人民共和国工业产品生产许可证管理条例实施办法》第二条规定，国家对生产重要工业产品的企业实行生产许可证制度。

生产许可证编号采用大写汉语拼音"XK"加 10 位阿拉伯数字编码组成。其中，字母"XK"代表许可，前 2 位（XX）代表行业编号，中间 3 位（XXX）代表产品编号，后 5 位（XXXXX）代表企业生产许可证编号。

其次，《中华人民共和国工业产品生产许可证管理条例实施办法》第四十条规定，企业应当在产品或者其包装、说明书上标注生产许可证标志和编号。根据产品特点难以标注的裸装产品，可以不予标注。

最后，《化肥产品生产许可证实施细则》中涉及需取得生产许可证的产品有两部分：一是复肥部分，二是磷肥部分，所涉及的产品应在产品包装上标注生产许可证编号和 QS 标识。《化肥产品生产许可证实施细则》需取得生产许可证产品应执行的产品标准和相关标准见附录表 –1 和附录表 –2。

附录表 –1　生产许可证复肥需取得生产许可证产品及执行标准

序号	产品单元	产品标准
1	复合肥料	GB/T 15063—2009《复混肥料（复合肥料）》
		HG/T 4851—2016《硝基复合肥料》
		GB/T 23348—2009《缓释肥料》
		HG/T 4215—2011《控释肥料》
		GB/T 29401—2012《硫包衣尿素》
		GB/T 34763—2017《脲醛缓释肥料》
		GB/T 35113—2017《稳定性肥料》
		HG/T 4217—2011《无机包裹型复混肥料（复合肥料）》
		HG/T 5046—2016《腐植酸复合肥料》
		HG/T 5050—2016《海藻酸类肥料》

（续表）

序号	产品单元	产品标准
2	掺混肥料	GB/T 21633—2008《掺混肥料（BB肥）》
		GB/T 23348—2009《缓释肥料》
		HG/T 4215—2011《控释肥料》
		GB/T 29401—2012《硫包衣尿素》
		GB/T 34763—2017《脲醛缓释肥料》
		GB/T 35113—2017《稳定性肥料》
		HG/T 4217—2011《无机包裹型复混肥料（复合肥料）》
		HG/T 5050—2016《海藻酸类肥料》
3	有机 - 无机复混肥料	GB/T 18877—2009《有机 - 无机复混肥料》

附录表 –2　生产许可证磷肥发证产品及执行标准

序号	产品单元	产品标准
1	过磷酸钙	GB/T 20413—2017《过磷酸钙》
2	钙镁磷肥	GB/T 20412—2006《钙镁磷肥》
3	钙镁磷钾肥	HG/T 2598—1994《钙镁磷钾肥》
4	肥料级磷酸氢钙	HG/T 3275—1999《肥料级磷酸氢钙》

1.4　三步法识别包装标识信息

三步法主要是指一辨、二算、三找。

一辨身份信息。通过三号（生产许可证编号、肥料登记证号 / 备案号和产品执行标准编号）信息辨识肥料种类，辨识肥料名称是否规范。

二算养分含量。算单一养分含量，总养分只算 $N+P_2O_5+K_2O$ 3 种养分的含量之和。

三找警示词语。通过"低氯""中氯""高氯""硝态氮""含缩二脲"等信息科学选用肥料，提高肥料利用率。

附录二 常用无机肥料养分含量和其他性质

肥料名称	含量/%				盐害	形成的酸度	其他养分及评价
	N	P	K	S			
液氨	82				低	-148	需要耐高压设备，有毒，必须以注射方式施入土壤
尿素	45				中等	-84	可溶，水解成铵，表施易挥发
硝酸铵	33				高	-59	吸湿性强，可表施，与有机肥或硫混合时易爆炸
硫包衣尿素	30~40			13~16	低	-110	各种不同的缓释效果
脲甲醛	30~40				非常低	-68	溶解缓慢，温度高时释放快
尿素硝酸铵溶液	30				中等	-52	常用作液态氮肥施用
异丁叉二脲	30				非常低	—	溶解缓慢
硫酸铵	21			24	高	-110	降低 pH 值效果明显，易使用
硝酸钠	16				非常高	+29	结块，分散土壤结构
硝酸钾	13		36	0.2	非常高	+26	植物对其反应很快
磷酸一铵	11	21~23		1~2	低	-65	最好作基肥
磷酸二铵	18~21	20~23		0~1	中等	-70	最好作基肥
过磷酸钙		7~9		11	低	0	不烧苗，可以作种肥，Ca 20%
氯化钾			50		高	0	47% Cl，有可能降低某些病害
硫酸钾			42	17	中等	0	在有 Cl 问题的地方施用
石膏				19	低	0	稳定土壤结构，不影响土壤 pH 值；Ca 和 S 速效，Ca 23%
石灰（碳酸钙）					非常低	+95	缓慢有效，提高 pH 值，Ca 36%
白云质石灰					非常低	+95	缓慢有效，提高 pH 值，Ca 24%，Mg 12%
碳酸镁				13	中等	0	不影响土壤 pH 值，水溶，Ca 2%，Mg 10%

注：负数表示酸度，正数表示碱度产生

附录三　常用有机养分源养分含量及其他特征

物料名称	水分/%	干重/%						干重/[g/t（DW）]						其他养分及评价
		全N	P	K	Ca	Mg	S	Fe	Mn	Zn	Cu	B	Mo	
棉花籽粕	<15	7	1.5	1.5	—	—	—	—	—	—	—	—	—	酸化土壤，多用于饲料
奶牛粪	75	2.4	0.7	2.1	1.4	0.8	0.3	1 800	165	165	30	20	—	可能含有高碳的垫圈围材料
干燥的鱼粉	<15	10	3	3	—	—	—	—	—	—	—	—	—	需要混用或制作堆肥，有味，也可作饲料
养殖场肉牛粪	80	1.9	0.7	2.0	1.3	0.7	0.5	5 000	40	8	2	14	1	可能含有土壤和可溶性盐
家禽（肉鸡）粪	35	4.4	2.1	2.6	2.3	1.0	0.6	1 000	413	480	172	40	0.7	碳氮比高，可能含有重金属、塑料和玻璃
牛粪	68	3.5	0.6	1.0	0.5	0.2	0.2	—	150	175	30	30	—	可能含有可溶性盐和有害金属
猪粪	72	2.1	0.8	1.2	1.6	0.3	0.3	1 100	182	390	150	75	0.6	可能含有高量的铜
腐解过的豆科干草	40	2.5	0.2	1.8	0.2	0.2	0.2	100	100	50	10	1 500	3	可能含有杂草种子
木废弃物	—	—	0.2	0.2	0.2	1.1	0.2	2 000	8 000	500	50	30	—	碳氮比非常高，必须补充氮
绿肥燕麦	85	2.5	0.2	2.1	0.1	0.05	0.04	100	50	40	5	5	0.05	养分含量随生育期延长而减少

附录四　部分植物组织中养分含量的范围

植物物种 / 取样部位	含量 /%							含量 / (μg/g)				
	N	P	K	Ca	Mg	S	Fe	Mn	Zn	B	Cu
松树 / 掌顶部的当年针叶	1.2~1.4	0.01~0.08	0.3~0.5	0.13~0.16	0.05~0.09	0.08~0.12	20~100	50~600	20~50	3~9	2~6
橡树 / 成熟叶片	1.9~3.0	0.15~0.30	1.0~1.5	0.30~0.50	0.15~0.30	—	50~150	35~200	15~30	15~40	6~12
草坪草 / 温暖季节的剪草	2.7~3.5	0.25~0.55	1.3~3.0	0.50~1.20	0.15~0.60	0.15~0.60	35~500	25~150	15~55	6~60	5~30
草坪草 / 冷凉季节的剪草	3.0~5.0	0.30~0.40	2.0~4.0	0.30~0.80	0.20~0.40	0.25~0.80	40~500	20~100	20~50	5~20	6~30
玉米 / 抽雄期的穗叶	2.5~3.5	0.20~0.50	1.5~3.0	0.20~1.00	0.16~0.40	0.16~0.50	25~300	20~200	20~70	6~40	6~40
大豆 / 花期最新的成熟叶片	4.0~5.0	0.31~0.50	2.0~3.0	0.45~2.00	0.25~0.55	0.25~0.55	50~250	30~200	25~50	25~60	8~20

(续表)

植物物种/取样部位	含量/%						含量/(μg/g)				
	N	P	K	Ca	Mg	S	Fe	Mn	Zn	B	Cu
苹果/营养枝的基部叶	1.8~2.4	0.15~0.30	1.2~2.0	1.00~1.50	0.25~0.50	0.13~0.30	50~250	35~100	20~50	20~50	5~20
小麦/扬花期最新成熟叶片	2.2~3.3	0.24~0.36	2.0~3.0	0.28~0.42	0.19~0.30	0.20~0.30	35~55	30~50	20~35	5~10	6~10
水稻/分蘖期的最新成熟叶片	2.8~3.6	0.14~0.27	1.5~3.0	0.16~0.40	0.12~0.22	0.17~0.25	90~200	40~800	20~160	5~25	6~25
番茄/花期的最新成熟叶片	3.2~4.8	0.32~0.48	2.5~4.2	1.70~4.00	0.45~0.70	0.60~1.00	120~200	80~180	30~50	35~55	8~12
苜蓿/初花期最早的3株植株	3.0~4.5	0.25~0.50	2.5~3.8	1.00~2.50	0.30~0.80	0.30~0.50	50~250	25~100	25~70	6~20	30~80